新质生产力系列丛书
03

AIGC
通识密钥
开启智能新纪元

张俊 肖尧 吴科盟
编著

新华出版社

图书在版编目（CIP）数据

AIGC 通识密钥：开启智能新纪元 / 张俊，肖尧，吴科盟编著 .
北京：新华出版社，2025.3.
ISBN 978-7-5166-7907-4

Ⅰ . TP18

中国国家版本馆 CIP 数据核字第 20257NM821 号

AIGC 通识密钥：开启智能新纪元
编著：张　俊　肖　尧　吴科盟

出 版 人：匡乐成	出版统筹：王永霞
责任编辑：田丽丽	编　　务：任溢赜
封面设计：东方视点	排　　版：六合方圆

出版发行：新华出版社有限责任公司
　　　　　（北京市石景山区京原路 8 号　邮编：100040）
印刷：河北鑫兆源印刷有限公司

成品尺寸：170mm×240mm　1/16	印张：16.75　字数：250 千字
版次：2025 年 4 月第 1 版	印次：2025 年 4 月第 1 次印刷
书号：ISBN 978-7-5166-7907-4	定价：96.00 元

版权所有 · 侵权必究
如有印刷、装订问题，本公司负责调换。

| 微店 | 视频号小店 | 抖店 | 京东旗舰店 | 请加我的企业微信 |
| 微信公众号 | 喜马拉雅 | 小红书 | 淘宝旗舰店 | 扫码添加专属客服 |

序

开启智能新纪元：
AIGC 的机遇、挑战与未来

在人工智能技术爆发式发展的今天，AIGC 已不再是科幻小说中的想象，而是深刻重塑人类生产、生活与思维方式的现实力量。从 ChatGPT 掀起全球对话式 AI 的浪潮，到 Midjourney 以"一句话生成一幅画"颠覆艺术创作，再到 AI 视频生成技术推动影视工业的革新，及至当下 DeepSeek 将 AIGC 的训练与推理成本降低 10 倍以上，AIGC 正以惊人的速度渗透至教育、商业、文化、娱乐等各个领域。然而，技术的狂飙突进也伴随着认知的鸿沟：我们是否真正理解 AIGC 的本质？如何驾驭其潜力？又该如何规避其风险？《AIGC 通识密钥——开启智能新纪元》一书的问世，恰逢其时。

作为长期深耕企业战略管理与投资领域的从业者，我深知在技术变革的浪潮中，系统性认知与批判性思维的重要性。本书不仅是一部关于 AIGC 技术的通识读本，更是一把开启智能时代思维升级的密钥。它从底层逻辑到产业应用，从伦理反思到未来展望，为读者构建了一个完整而清晰的认知框架。

本书的独特价值首先体现在其对生成式 AI 技术本质的深度剖析。在

第二章"生成式AI的底层逻辑"中，作者以深入浅出的方式揭示了机器学习、深度学习与Transformer架构的核心原理，尤其是对GPT模型"函数本质"的解读，巧妙化解了读者对技术黑箱的认知壁垒。这种化繁为简的阐释能力，既源于作者扎实的技术功底，也体现了其对教育规律的深刻把握。正如我在投资管理工作中所强调的，理解原理远比掌握工具更能培养创新思维。尤为值得称道的是，本书并未止步于理论探讨，从第三章的一键生成各类文案到第五章的AI音视频生成，作者以ChatGPT、DeepSeek、Midjourney、即梦AI等工具为案例，将提示词工程、图像生成技法、音视频制作方法等实践技能拆解为可操作的步骤。这种知行合一的写作理念，与当前教育所倡导的"项目式学习"不谋而合。书中提供的综合案例和行业应用场景，更是为读者搭建了从技术认知到应用落地的桥梁。

在多年参与企业战略管理与创新投资的过程中，我始终关注技术革命对产业发展的冲击。本书第六章"AIGC+产业应用"以详实的案例证明，生成式AI正在打破传统行业的边界：在电商领域，AI虚拟主播与智能文案生成已大幅提升营销效率；在出版行业，AIGC辅助创作正在改写内容生产的流程；而在文旅与元宇宙领域，数字人与虚拟场景的融合更是开辟了沉浸式体验的新纪元。这些变革不仅要求从业者掌握新工具，更需要他们重构对创造力的认知——当机器能够生成代码、设计海报、编写剧本时，人类的独特价值将更聚焦于战略决策、情感共鸣与伦理判断。本书对产业变革的洞察，也为企业战略投资提供了重要启示。未来的投资决策必须超越"短期收益"，转而关注三方面核心要素：其一，跨行业整合能力，能够将AIGC技术与行业知识深度融合；其二，人机协同思维，善于在AI生成内容的基础上进行批判性优化；其三，伦理领导力，能够在技术创新与风险管控间寻求平衡。

技术发展的悖论在于，其带来的机遇与挑战往往同根同源。本书第七章"AIGC 的机遇与挑战"敏锐地指出，生成式 AI 在驱动创新的同时，也引发了关于知识产权、信息真实性、职业替代与算法偏见的激烈争论。例如，AI 生成的学术论文是否构成剽窃？深度伪造（Deepfake）视频如何监管？这些问题的复杂性在于，它们既是技术问题，更是社会命题。对此，作者提出了"技术向善"的应对策略：通过法律监管、伦理规范与教育普及三重路径，构建 AIGC 时代的治理生态。这一观点与我的想法高度契合，唯有让每一位技术使用者理解伦理准则，才能从源头降低技术滥用的风险。而本书的广泛传播，恰恰是推动伦理共识形成的重要一环。

《AIGC 通识密钥——开启智能新纪元》的目标读者群体多元：高校各个专业的学生可通过本书夯实技术根基、锻炼动手能力；教师与教育管理者能从中获得课程改革的灵感；创业者与行业从业者则可借鉴书中的案例探索商业新模式。但无论何种身份，阅读本书的过程都应是一场思维革命，它要求我们以开放的心态拥抱技术变革，同时以审慎态度守护人类文明的底线。

最后，我想用一句话与读者共勉："AIGC 不是取代人类的工具，而是扩展人类能力的伙伴。"当机器能够模仿人类进行创作时，我们更需要追问：什么才是不可替代的人性光辉？是同理心、是批判性思维、是对真善美的永恒追求！愿这本书成为您探索智能时代的指南针，在技术与人文的交响中，找到属于自己的答案。

王腾

北京市海淀区国有资产投资集团有限公司总经理助理

凯文教育集团董事长

2025 年 3 月 6 日

目 录 CONTENTS

第一章　生成式人工智能 ············· 001

1.1 什么是人工智能 ················ 002

1.2 人工智能的发展历程 ············· 003

1.3 什么是生成式人工智能 ··········· 005

1.4 内容生成的发展与进化 ··········· 012

1.5 对工作的影响 ················· 013

小结 ···························· 023

第二章　生成式 AI 的底层逻辑 ········· 025

2.1 生成式 AI 与机器学习 ············ 026

2.2 机器学习与深度学习 ············· 028

2.3 其实都是函数 ················· 034

2.4 GPT、Transformer 与注意力机制 ···· 038

2.5 GPT 的内在逻辑 ················ 042

2.6 GPT 学习过程 ················· 047

小结 ···························· 051

第三章　一键生成各类文案 ……………………………… 053

- 3.1 被吹了一口"仙气"的 ChatGPT …………………… 054
- 3.2 各大公司纷纷入场 …………………………………… 057
- 3.3 GAI 和 AGI …………………………………………… 062
- 3.4 新人 ChatGPT ………………………………………… 066
- 3.5 提示词工程 …………………………………………… 068
- 3.6 综合案例 ……………………………………………… 091
- 3.7 DeepSeek 的使用 ……………………………………… 104
- 3.8 对生成式人工智能的误解 …………………………… 113
- 小结 ………………………………………………………… 115

第四章　AIGC 图像生成 ……………………………… 117

- 4.1 AIGC 图像生成技术原理 ……………………………… 118
- 4.2 Midjourney 使用前的准备工作 ………………………… 119
- 4.3 Midjourney 基础操作流程 ……………………………… 122
- 4.4 Midjourney 进阶操作技法 ……………………………… 143
- 4.5 Midjourney 应用场景案例 ……………………………… 154
- 4.6 文心一格 AI 生成图像操作流程 ……………………… 168
- 4.7 通义万相 AI 生成图像技术流程 ……………………… 173
- 小结 ………………………………………………………… 178

第五章　AI 音视频生成 ……………………………… 181

- 5.1 常见的 AI 音视频生成工具 …………………………… 182
- 5.2 AI 语音合成平台的使用 ……………………………… 198
- 5.3 AI 音乐合成平台的使用 ……………………………… 205
- 5.4 AI 视频生成 …………………………………………… 211

小结 ·· 226

第六章　AIGC+ 产业应用 ························· 227

6.1　AIGC+ 电商行业应用 ································ 228
6.2　AIGC+ 游戏行业应用 ································ 229
6.3　AIGC+ 广告行业应用 ································ 229
6.4　AIGC+ 影视行业应用 ································ 230
6.5　AIGC+ 出版行业应用 ································ 230
6.6　AIGC+ 文旅行业应用 ································ 231
6.7　AIGC+ 元宇宙行业应用 ···························· 231
小结 ·· 232

第七章　AIGC 的机遇与挑战 ······················· 235

7.1　AIGC 时代的机遇 ···································· 236
7.2　AIGC 时代的挑战 ···································· 243
7.3　应对策略 ·· 249
小结 ·· 255

第一章

生成式人工智能

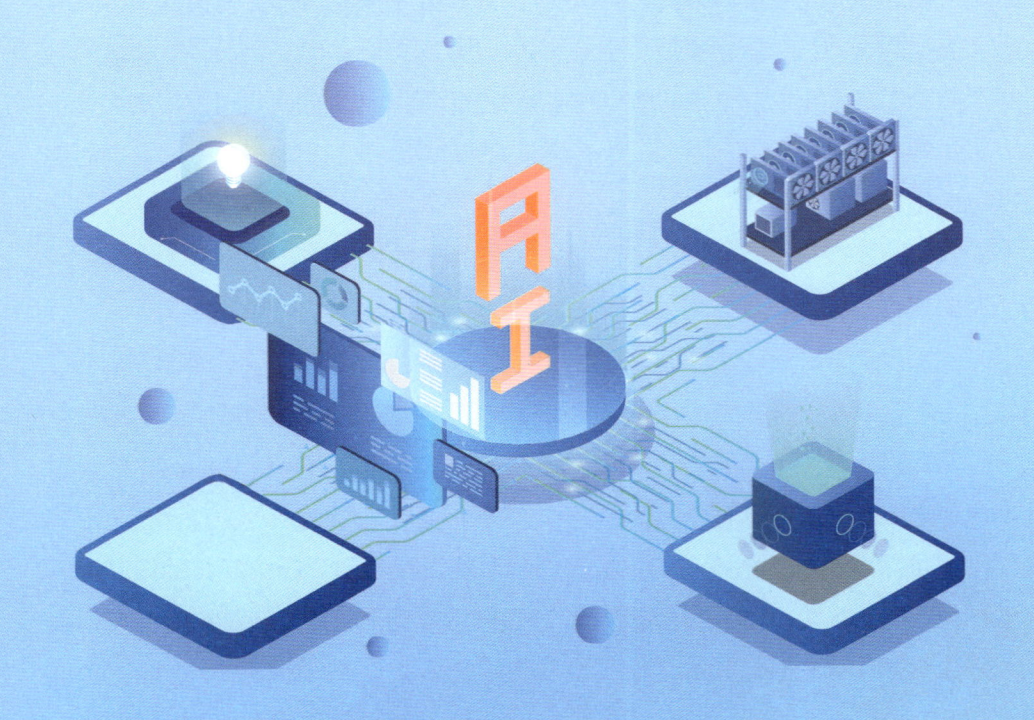

在现代科技的舞台上，人工智能正以令人惊叹的速度重塑我们的世界。而在这个领域中，生成式人工智能以其"创造力"这一独特标签，正在改变我们对机器能力的认知。想象一下，一幅画、一段音乐甚至一篇文章，不是出自人类之手，而是由机器自动生成——这正是生成式人工智能的奇妙所在。它不仅是技术进步的象征，更是推动商业、艺术和日常生活发生变革的重要力量。本章将带您从人工智能的发展历程出发，探索生成式人工智能的起源与核心理念，揭示它如何引领我们进入一个创造力与技术深度融合的新时代。

1.1 什么是人工智能

谈到生成式人工智能，就不得不提人工智能（Artificial Intelligence，AI）。近几年来，如果要评选出全球最热门的话题，人工智能必定榜上有名。作为科技领域的明珠，人工智能不仅是一项技术，它更是一种改变世界的力量。对许多人来说，"人工智能"这个词就像魔术一般，充满神秘感和无限可能性。人们不断探索人工智能的潜能，热议它的未来发展，并深入思考它与人类社会的关系。作为"人工智能家族"中的明星应用，像 ChatGPT、DeepSeek 这样的人工智能工具，正以其卓越的能力迅速吸引公众的关注，同时也引发了更多关于人工智能的深层思考。那么，什么是人工智能呢？我们不妨通过一些简单的实际应用场景来理解：

➢ 你上传一张人脸照片，通过人工智能可以知道这个人是谁，这就是人脸识别；

➢ 你录制一段语音，通过人工智能可以转成文字，这就是语音识别；

➢ 你输入一段英文，通过人工智能可以翻译成中文，这就是自动翻译；

➢ 你输入一篇文章，通过人工智能可以生成一段简短的总结，这就是文章摘要。

虽然这些场景各不相同，但它们背后的目标相同：让机器具备像人类一样的智能。自 1956 年"人工智能"这一概念被提出以来，人工智能的目标就是让机器像人一样，比如能听（语音识别）、能看（图像识别）、能说（语音合成)、能思考(如下棋),还能行动(如自动驾驶)等。

当然,要让机器具备人类的智能,有许多方法。实际上,从"人工智能"这一名词诞生至今的近70年里,科学家们提出并探索了许多实现智能的途径,如逻辑推理、专家系统和机器学习等。

1.2 人工智能的发展历程

人工智能的起源可以追溯到1956年的达特茅斯会议,这次会议被认为正式诞生了"人工智能"的概念。1956年,在美国新罕布什尔州的达特茅斯学院,约翰·麦卡锡、马文·闵斯基、纳撒尼尔·罗切斯特和克劳德·香农等学者聚集在一起,讨论如何让机器拥有智能。虽然他们经过长时间的讨论并未达成一致的结论,但为这一研究领域起了一个名字:Artificial Intelligence。从那时起,"人工智能"这一概念开始逐渐进入人们的视野,1956年也因此被称为人工智能的元年。

2006年,为了纪念达特茅斯会议50周年,曾参加会议的10位学者中已有5位去世,剩下的5位学者:特伦查德·摩尔、约翰·麦卡锡、马文·闵斯基、奥利弗·塞尔弗里奇和雷·所罗门诺夫,再次相聚于达特茅斯学院,共同回忆过去,展望未来(见图1.1)。

图 1.1 2006 年,达特茅斯会议 50 周年

自 1956 年以来，人工智能的发展经历了多次"热潮"和"寒冬"的交替，最终达到了如今的水平。第一次浪潮发生在 20 世纪 50 年代后期到 60 年代。这段时间，计算机在使用"推理和搜索"来解决特定问题方面取得了显著进展。然而，这些方法只能处理简单的"玩具问题"（toy problem），面对复杂的现实问题却无能为力。随着这一局限的显现，人工智能的热潮逐渐冷却。随后在 20 世纪 70 年代，人工智能进入了"寒冬期"。第二次浪潮出现在 20 世纪 80 年代，当时的研究引入了"知识"来增强计算机的智能，出现了许多实用的"专家系统"产品。但由于知识描述和管理的局限性，这一热潮在 1995 年左右再次衰退，人工智能又一次进入"寒冬"。到了 20 世纪 90 年代后期，随着搜索引擎的诞生和互联网的迅速普及，特别是进入 2000 年后，网页数量的激增推动了"大数据"的崛起。基于大数据的"机器学习"技术迅速发展，推动了当前的第三次人工智能浪潮。如图 1.2 所示，第三次人工智能浪潮中伴随着大数据迅速发展起来的机器学习也存在一个分支，即被称为"技术性重大突破"的深度学习。

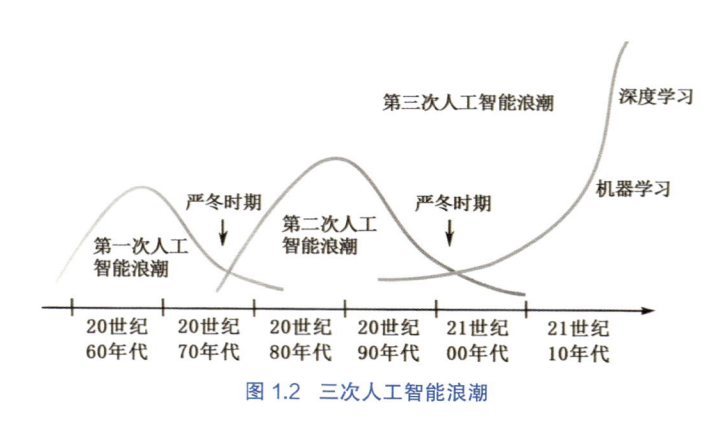

图 1.2 三次人工智能浪潮

正是由于深度学习的崛起和广泛应用，Google 的 AlphaGo 战胜了世界围棋冠军，同时 Google 首席未来学家雷·库兹韦尔提出了"奇点"理论，即认为人工智能会突然爆发性进化，达到甚至超越人类的智能。而著名物理学家斯蒂芬·霍金则提出了人工智能可能导致人类毁灭的警告，这些都引发了广泛的恐惧和讨论。正因为如此，过去十年，人工智能变得前所未有的火热，几乎可以说是一场"狂潮"。

总结一下，人工智能从提出以来，发展至今经历了三次浪潮。

➤ 第一次浪潮：这是推理和搜索的时代。那时候的人工智能主要是通过复杂的逻辑推理和搜索算法来解决问题。

➤ 第二次浪潮：这是知识表示的时代。人工智能开始通过知识表示来进行更复杂的任务，比如专家系统，这类系统可以回答特定专业领域内的复杂问题。

➤ 第三次浪潮：这是机器学习/深度学习的时代。人工智能可以从大量数据中学习，并进行预测和决策。

需要注意的是，这三次浪潮实际上是有重叠的。比如，知识表示和机器学习这两项技术其实在第一次浪潮时期就已经开始发展。而且，推理和搜索、知识表示等技术，直到今天仍然是许多高校和研究机构的重要研究课题，仍在不断进步和发展。图 1.3 展示了这些常见技术术语与人工智能之间的关系。可以发现，推理和搜索、知识表示、机器学习、深度学习等技术都是实现人工智能的不同手段。而人工智能的概念本身并不是一种技术，它只是提出了一个目标，这个目标就是给机器赋予人一样的智能。

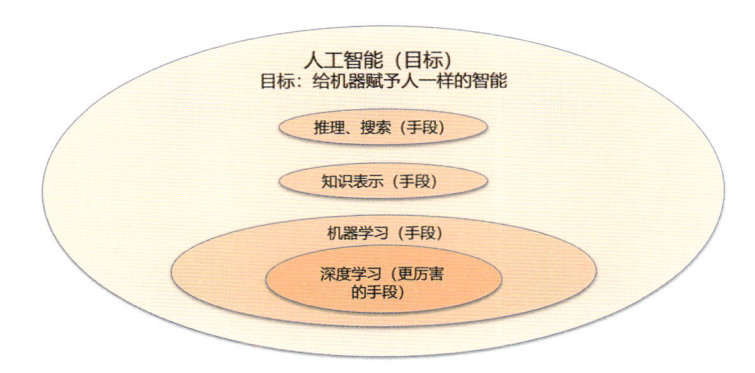

图 1.3 常见人工智能术语之间的关系

1.3 什么是生成式人工智能

毋庸置疑，人类最独特的能力就是创造。然而，随着科技的飞速发展，我们已经通过机器来实现创造。机器可以根据指定风格创作原创性艺术作品，可以按照指定条件撰写语义连贯的长篇文章，可以根据明确需求创作悦耳动听的音乐，甚至能够为复杂的游戏制定获胜策略。这项新技术就是生成式人工智能（Generative Artificial Intelligence，GAI）。

那么，生成式人工智能与人工智能是什么关系呢？简单来说，人工智能可以从不同角度进行分类，而根据模型能力的不同，人工智能可以分为判别式人工智能和生成式人工智能，如图1.4所示。在当前的人工智能第三次浪潮中，无论是判别式人工智能还是生成式人工智能，都是从大量数据中学习规律，达成让机器越来越智能的目标，只是二者在实现手段、表现形式和应用场景等方面存在较大差异。

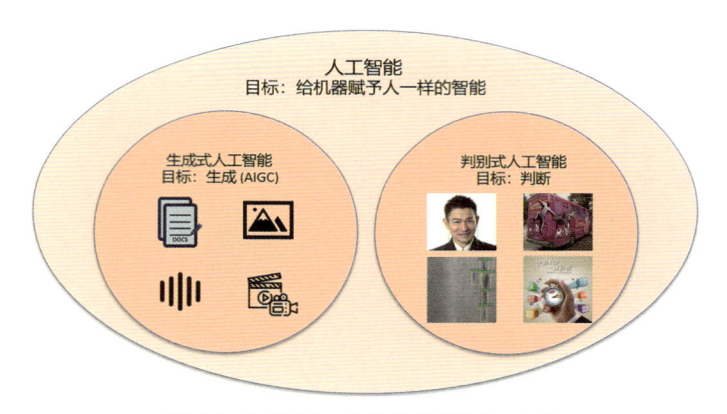

图 1.4　生成式人工智能和判别式人工智能

判别式人工智能是一种通过学习数据来判断样本是否属于某个类别的技术。它通过分析已有的数据来识别规律，然后基于这些规律对新情况进行判断和预测。例如，判别式人工智能可以通过学习大量猫和狗的图片，来判断一张新照片是猫还是狗。判别式人工智能的核心任务是判断某物是否属于某个类别，或区分多个对象中的具体类别。它在许多领域中得到了广泛应用，如人脸识别、推荐系统、风控系统、智能决策系统、机器人和自动驾驶等。接下来，我们将通过一些生活中的例子，进一步了解判别式人工智能在日常生活中的应用。

在人脸识别中，判别式人工智能会从摄像头等设备实时获取的面部图像中提取具有代表性、稳定性高的特征信息，如面部轮廓、眼睛、鼻子、嘴巴等关键部位的形状、位置和大小等。这一特征提取过程是人脸识别技术的核心环节，直接影响识别结果的准确性和稳定性。接下来，系统将提取到的人脸特征与之前已经存储的人脸照片（准确来说，是与已经存储的人脸照片中提取的特征）进行比对。经过比对后，会将结果以一定的概率形式输出，显示实时获取的人脸与数据库中人脸的相似度。如果相似度超过设定的阈值，则认为识别成功，否则判断为识别失败。目前，人脸识别已广泛应用于多个领域。例如，在金融领域用于远程贷款、自主开户和刷脸支付；在公安领域用于嫌疑人辨认和网络追逃；在办公领域则用于人脸考勤和在线考试等场景。

在电商平台中，判别式人工智能通过学习大量用户的消费行为数据，制订最合适的推荐方案，以提高平台的交易量。当用户在购物平台上浏览、搜索、购买或评价商品后，平台会基于这些操作，分析用户对某个品牌或类别的偏好程度，从而自动推荐符合需求的类似或相关商品。这一过程背后依托的正是判别式人工智能技术。通过这种方式，用户的搜索次数逐渐减少，而平台的销售额却显著提高。据行业统计，目前电商平台约40%的收入来自个性化推荐系统，推荐系统每年能给电商平台带来超过100亿元的收益。因此，如今不仅仅是电商平台，新闻、音乐、视频、理财等平台也都广泛应用个性化推荐系统为用户推荐内容。这些平台通过分析用户行为，推测其兴趣，从而推荐更精细化的内容。在减少人工运营干预和降低成本的同时，显著提升了用户的黏性和满意度。

在自动驾驶中，智能网联汽车借助判别式人工智能技术，可以分析和判断各种路况，并对各种物体进行识别和跟踪。如图1.5所示，一辆正在行驶的公交车，如果此时智能网联汽车处于其后方或侧方的自动驾驶状态，那么智能网联汽车需要能够判断公交车车身上的人是靠近公交车的真人，还是车身上的广告。如果是真人，系统需要预判公交车和真人接下来各自的行动路线，以确保行车安全；如果只是车身广告，则只需预测公交车接下来的行动路线，并保持与公交车的安全距离即可。正是因为这些复杂的判别问题已经得到很好的解决，所以现在智能网联汽车的自动驾驶技术水平得以不断提升。相信在不久的将来，随着技术的进步，智能网联汽车将更加成熟，自动驾驶在未来必将拥有巨大的市场潜力。

图 1.5 判别式人工智能在自动驾驶中的应用

生成式人工智能是一种通过学习数据来理解不同变量之间关系的技术。它会学习数据中所有变量组合在一起的可能性，并基于这些可能性生成新的数据。通过深度学习，生成式人工智能能够总结和归纳已有数据，从而自动生成新的内容。因此，生成式人工智能与判别式人工智能不同，它并不是在分析数据后判断某些内容是否存在，而是能够创造出全新的内容。例如，生成式人工智能在观看了大量猫和狗的图片后，不是为了判断其他图片中是否有猫或狗，而是可以创造出一张全新的猫或狗的图片。因此，生成式人工智能的目标是自动生成各种形式的新内容，包括文本、图片、音频和视频等,所以其展现了在内容创作、音乐生成和产品设计等领域的巨大潜力。

例如,在文字创作方面,我们只需输入一段简要的情节描述,生成式人工智能便能帮助我们生成一篇完整的文章。再比如,在艺术创作领域,2022年下半年生成式人工智能因为能够创作出美轮美奂、令人惊叹、多种风格,甚至超越人类想象力的图片,吸引了大量网民争相体验。同年,美国科罗拉多州的Jason Allen利用生成式人工智能工具Midjourney绘制的《空间歌剧院》(*Théâtre D'opéra Spatial*),在科罗拉多州博览会(Colorado State Fair)的美术比赛中获得了第一名。而图1.6展示的正是笔者用生成式人工智能工具生成的"虚构的人"图片,图中的人物实际上在现实世界中并不存在。

图1.6 虚构的人

当然,生成式人工智能不仅能够模仿人类,还能够不断创新,提升我们的生活品质。2022年12月8日，全球首次人机共创的山水画《未完·待续》在朵云轩拍卖30周年庆典上以110万元的高价成交。这幅作品是由百度文心一格与著名海派画家乐震文在民国才女陆小曼未完成的画稿上补全而成，取名《未完·待续》，并在庆典上与齐白石、张大千、徐悲鸿等名家作品同场拍卖。在创作过程中，文心一格经历了AI学习、AI续画、AI上色、AI生成诗词等多个步骤，成功应对了人机绘画流程的融合、可控性以及高分辨率三大挑战。文心一格是百度旗下艺术和创意领域的生成式AI平台，也是一个典型的"AI作画"产品。在2022年百度世界大会上，百度首席技术官王海峰展示了通过生成式AI"补全"《富春山居图》的过程，使历史画作得以在当代重现，并且生成作品的风格与现存真迹高度一致。这一创新让生成式AI在艺术领域迅速走红。

2023年2月，中国可视化古诗词加密艺术家、当代艺术家王睿（笔名：王梳睿）通过生成式AI，基于北京工业大学元宇宙云图智能研究院副院长高泽龙的小说《元宇宙2086》创作了我国首部由AIGC生成的完整情节漫画（插画），其作者和支持者均为中国科技领域的先锋人物。这一创举不仅标志着生成式AI在艺术创作领域的进一步突破，也展示了元宇宙概念与生成式AI技术的结合在文化创意领域的巨大潜力。

此外，许多成功案例展示了生成式AI在影视制作方面的巨大作用。比如，AI艺术家Glenn Marshall利用OpenAI的CLIP创作了一部引人入胜的AI短片《乌鸦》，并荣获2022年戛纳电影短片节最佳短片奖。在这部令人难忘的作品中，Glenn Marshall通过人工智能将舞者转变为乌鸦，乌鸦在世界末日般的荒凉景观中短暂起舞，直至走向不可避免的消亡。这是AI参与创作的电影首次获得世界级大奖，而《乌鸦》的获奖也证明了生成式人工智能创作的艺术逐渐被主流艺术界所接受和认可。

另外，央视的AI动画片《千秋诗颂》也于2024年2月26日在CCTV-1正式开播（如图1.7所示）。这是我国首部"文生视频"动画片，首批推出了《春夜喜雨》《咏鹅》等6集动画片，每集约7分钟。从美术设计到动效生成,再到后期制作,生成式 AI 都深度参与其中。例如,在情节制作方面,通过为生成式 AI 输入多段视频或图片素材,AI 能够自动生成转场动画,实现不同场景和视频之间的"丝滑"连接,甚至可实现"多机位"效果,保持故事情节的流畅和节奏起伏。在人物设计上,角色的服饰和相貌通过真人装扮后,利用生成式 AI 转化为动画形象,针对五官特点等更精细的部分,则由后期团队进行"精雕细琢"。因此,在相同的预算条件下,按照传统动画制作流程,制作类似《千秋诗颂》这样的动画片,一个月只能完成一集。而由于生成式 AI 为动画制作团队提供了低成本、高效率的角色和场景美术设计优势,实际上一个月可以完成三集的制作,大大提高了制作效率。

图 1.7　国内首部"文生视频"AI 动画片《千秋诗颂》

通过这些例子,相信读者能更好地理解生成式人工智能在各个领域的广泛应用和巨大潜力,同时也能看到生成式人工智能的独特价值和优势。事实上,生成式人工智能和判别式人工智能可以结合起来,多层次、多维度地解决更多复杂问题,帮助我们摆脱机械式的重复劳动,在确保内容高质量的同时,显著提升内容生产的效率。为实现这一目标,技术人员正在对人工智能产品进行更多的研究、开发和测试,可以说,未来文明社会的重要突破和最大的增长点,很可能就掌握在生成式人工智能之中。

1.4 内容生成的发展与进化

前面我们讲了什么是生成式人工智能，还有一个词经常与它一起使用，但含义却并不相同，那就是"人工智能生成内容"（Artificial Intelligence Generated Content，AIGC）。在许多自媒体文章中，这两个词常被混用，因此有必要单独说明，以免大家混淆。简单来说，AIGC 指的是利用生成式人工智能技术生成的内容，强调的是这些内容不是由人类创作者直接创作。而生成式人工智能则是指可以自动生成内容的各种人工智能技术的总称。

目前，ChatGPT、DeepSeek、Kimi、Midjourney、Suno 等生成式人工智能产品所生成的内容已经深深吸引了大众的注意。在我们探索这些新技术之前，有必要先回顾一下内容生成的发展历程。过去几十年，内容生成形式经历了多次变革，从 PGC（专业生成内容）到 UGC（用户生成内容），再到如今的 AIGC（人工智能生成内容）。每一次变革都推动了内容生产效率的提升，并改变了我们获取和创作内容的方式。

PGC 时代可以追溯到传统媒体主导的时期，当时内容主要由专业人士、记者、编辑以及具备专业背景的内容创作者制作和发布。例如，新闻记者撰写的文章或专业摄影师拍摄的照片。在这个时代，内容的创作者往往具备特定领域的知识和技能，因此他们的作品通常质量较高且具有权威性。PGC 的特点是高门槛、高成本和不够及时，但在信息质量和可靠性方面占据了优势。

UGC 的兴起是互联网普及和社交媒体爆发的结果。随着博客、论坛、微博、短视频等社交平台的崛起，普通用户能够方便地发布和分享自己的内容，UGC 因此大量涌现。这种内容形式的出现极大地丰富了信息的来源和种类，促进了信息的平民化。UGC 不仅大幅降低了内容生产的门槛，还带来了更多元化的观点和创造力。然而，UGC 在丰富内容的同时，也伴随着一些挑战，如信息质量参差不齐以及假新闻的泛滥等问题。所以这种内容形式为大众提供了广阔的表达平台，但也给信息筛选和可信度带来了新的考验。

现在，随着人工智能技术的不断发展，AIGC 开始崭露头角，并迅速成为内容生成的新趋势。简单来说，AIGC 是指利用人工智能技术自动生成各种内容的方式。AIGC 所生成的文本、图像、音频和视频等内容不仅可以达到专业水准，还能够满足个性化和实时更新的需求。可以说，AIGC 开启了内容生产的新革命，在多样性、质量和效率方面推动了内容创作的进步。例如，ChatGPT、Kimi、DeepSeek 可以根据用户输入生成流畅且逻辑严密的文字和代码；Midjourney 能够基于描述生成逼真的图像；Suno 则可以自动合成音乐。这种快速的内容生产方式不仅能满足人们对丰富内容的需求，还为市场带来了新的活力，使得各行各业都受益，并让我们的生活变得更加便利。比如，在教育领域，AIGC 可以为学生提供个性化的学习材料和辅导；在娱乐领域，AIGC 能够创作更加丰富的虚拟现实体验和互动内容；在商业领域，AIGC 可以优化广告创意和市场推广策略。这些应用不仅提升了效率，还拓展了创新的边界，推动了多个行业的持续发展。

然而，AIGC 的迅速发展也带来了一些挑战和问题，促使人们对其进行深层次的思考。首先，内容的真实性和伦理问题需要得到重视。由于 AIGC 能够生成极为逼真的内容，如何防止虚假信息的传播和恶意使用，成为了一个重要的议题。其次，知识产权和版权问题也需要重新审视。如何保护原创者的权益，并在人工智能生成内容的背景下合理分配利益，是法律和技术需要共同解决的问题。要应对这些挑战，必须通过不断完善技术和制度，确保 AIGC 的发展可控且安全。通过共同努力，我们有理由相信，AIGC 不仅将为我们的生活带来更多便利和创新，还能在健康的框架内发展，促进社会的进步和福祉。

1.5 对工作的影响

生成式人工智能的到来标志着就业市场进入了变革时代。尽管生成式 AI 能够提升效率、推动创新并带来新的机遇，但它也引发了人们对其影响就业的担忧。国际知名招聘网站 Indeed 在 2023 年的一份报告中，通过对岗位要求和职业技能的分析，评估了生成式 AI 对各类工作的影响程度。报告显示，大约 20% 的岗位被认为是"高风险"，即这些岗位中 80% 或以上的工作任务可以由生成式 AI 完成；另有 45% 的岗位被归为"中风险"，意味着生成式 AI

能够完成 50%—80% 的任务；其余 34% 的岗位属于"低风险"或"最低风险"，即生成式 AI 在这些岗位上最多可以胜任 50% 的任务。总体而言，几乎所有岗位都会在某种程度上受到生成式 AI 的影响。某些工作可能会变得不再必要，许多工作将因生成式 AI 工具而得到增强或发生变化，同时也会有新的工作岗位被创造出来。

1.5.1 我们的工作风险有多大

我希望能帮助你解答这个问题，但或许更值得思考的是："我的工作如何为世界带来价值？"在这个智能机器时代，我认为这是每个人——包括我自己——都应该深思的问题。在评估你所创造的价值之后，我们或许还可以进一步问："机器在今天或未来是否能够提供这种价值？"毕竟，没有人能准确预测遥远的未来。我们可以将自己的工作分解为不同的任务和核心技能，然后将这些元素与生成式 AI 的能力进行对比。基于你对生成式 AI 的理解，AI 技术是否能够在这些技能和任务上表现得优异，甚至超越人类的表现。

正如读者在本章前面所看到的，生成式 AI 已经能够承担大量不同类型的工作。人类历史上也经历了多次自动化浪潮，例如，许多工厂和装配线的工作已经实现了自动化，许多仓库和包装任务也可以由机器完成，甚至一些行政工作现在也能够轻松地被自动化处理，甚至超市收银员也逐渐被自助服务机器所取代。然而，这一波生成式 AI 的到来，能够承担许多过去被认为无法自动化的任务——那些需要人类创造力和创新力的工作。尤其是创造力，长期以来一直被视为人类与机器之间的分水岭，但像 ChatGPT 和 DALL-E 这样的工具如今可以模拟人类的创造力，尽管它们并不具备真正的原创思维。因此，很有可能人类所提供的一些价值在未来会由机器来实现。

如果情况如此，我们不得不问自己："我希望如何为世界带来价值？"换句话说，如果机器能够完成我们目前的部分工作或全部工作，我们希望从事什么工作？这不仅是对职业的重新思考，更是对个人价值和未来发展的深刻反思。

1.5.2 低风险和高风险工作的区别

这里所谈到的高风险工作指的是那些生成式 AI 已经能够完成的任务，或是生成式 AI 已经具备胜任能力的工作。而低风险工作则是目前仍然牢牢掌握在人类能力领域的任务。接下来，我们将探讨在同一个行业中，低风险和高风险工作的区别。

最近在内蒙古参加数字经济会议时，现场的主持人同时是当地电视台的新闻主播在沟通过程中问我，生成式人工智能是否会影响他的工作。我的回答是，很大概率会受到影响。如今，新闻已经可以由 AI 虚拟人播报。新华社早在 2020 年就引入了一位 AI 新闻主播（对于生成式 AI 而言，那已经是很久以前的事了）。让我们思考一下，优秀的新闻主播所需的核心技能：他们需要具备出色的声音、靓丽的外表、良好的时间感、快速吸收信息的能力、在压力下保持冷静的能力，并能够以吸引人的方式呈现信息。而生成式 AI 完全能够胜任这些要求。在不久的将来，很多电视台将能够使用生成式 AI 创建属于自己的个性化新闻主播，并以观众最能理解的方式传递内容。而且，这位虚拟的个性化新闻主播理论上可以是任何形象，甚至可以是影视明星、知名歌手，或者每天都不一样也没有问题。如果电视台认为说唱形式的新闻播报更有吸引力，这也完全可以实现。目前自媒体上已经有"说唱教师"，通过说唱的方式讲解复杂的科学知识，说不定未来也会以说唱的形式传递社会新闻。因此，尽管这对许多人的就业产生了影响，但笔者认为新闻主播确实面临被自动化的风险。同样，这种影响也适用于其他新闻工作。例如，许多新闻采编机构多年来已经在实验使用 AI，用它从企业财报等材料中自动生成简短的新闻内容。

那么，同样是在媒体行业，什么样的新闻工作可以被认为是低风险，且无法被生成式 AI 自动化的呢？笔者认为，调查记者是一个相对安全的选择。世界绝对需要人类继续深入调查故事、揭露真相、追究有权势者的责任。考虑到一名优秀的调查记者所需的技能，如好奇心、人际交往能力、批判性思维、研究能力以及出色的写作技巧，当然生成式 AI 虽然在写作上有一定的优势，但在其他方面却远远不及人类。例如，调查记者需要与消息来源建立信任，敏锐地发现隐藏的信息，并且能够面对复杂的情感和道德挑战，这些都是目前 AI 无法胜任的。

再以营销为例，那些负责撰写博客文章和社交媒体文案的基础内容创作者，可能会发现自己的就业岗位逐渐减少，因为这些工作可以由生成式 AI 轻松且高质量地完成。但涉及营销策略制定和撰写富有创意的简报或设计提案的工作呢？生成式 AI 在这些方面难以达到人类营销人员的水平。人类仍然需要为营销工作中的战略思考和创意引领负责，并监督最终输出的质量。

因此，我建议这本书的每位读者认真审视自己的工作，评估其中哪些部分可以被视为基础层次，哪些部分需要人类高度参与。带着这样的思考，让我们接下来看看人类目前从事的一些最常见工作，并评估它们受生成式 AI 自动化影响的程度。

1.5.3 高风险的工作

生成式 AI 在基于现有信息生成各种内容的任务上表现出色。因此，那些重复性、可预测、不需要深度思考、凭借人类直觉或熟练程度即可完成的工作，将面临最高的自动化风险。接下来，我们将探讨一些特别容易受到生成式 AI 影响的工作类型。

客户服务工作正面临着极高的失业风险。事实上，客户服务领域一直是技术迭代和改进的活跃领域，从聊天机器人到高级分析，技术覆盖非常广泛。客户服务工作涉及与客户沟通，了解他们的问题或疑问，并在可能的情况下提供答案。而实际上，这与 ChatGPT、DeepSeek 的功能几乎完全一致。ChatGPT、DeepSeek 不仅比传统的客户服务聊天机器人更加专业，而且沟通能力更强，其表现力还在不断提升。客观上看，公司可能会倾向于使用生成式 AI 构建客户服务系统的原因也显而易见。

➤ 它在自动化处理既定指南下的简单重复任务方面表现出色。例如，查询资料、排查常见问题和提供信息。

➤ 它具有高度的可扩展性。AI 系统可以同时处理大量查询，这意味着企业能够迅速解决客户问题，而无须随着需求的增加按比例扩充人力。

➤ 它提供了广泛的个性化空间。AI 可以实时整合大量数据，基于客户的行为历史、偏好或与公司的过往互动记录，提供个性化的响应。而对于人类客服而言，实现这一程度的个性化响应非常具有挑战性。

➤ 它具有成本效益。从长远来看，投资于一个成熟的生成式 AI 解决方案可能比雇用、培训和维持一支人类团队更加经济，尤其对于大型企业来说。

生成式 AI 具备的这些显著优势，是否意味着客户服务岗位将完全消失呢？如同大多数事物一样，这并不是一个非黑即白的答案。虽然客户服务中的许多任务可以被自动化，但仍有一些场景需要人类的介入。例如，面对复杂问题、敏感话题，或需要同情心和判断力的情况，显然更适合由人类来处理。不过，客户服务岗位所需的人员数量确实会大幅减少。未来，客户服务会演变为一小部分人与 AI 工具协同工作的模式，人类负责监督和优化 AI 的表现，并处理更加复杂的互动。

除了客户服务之外，还有许多工作面临高风险。以下虽然不是一个详尽的列表，但可以帮助我们了解未来易受生成式 AI 影响的岗位。

➤ 内容创作者：主要工作是完成书面材料，如基础文章和报告，这类工作与 ChatGPT 等生成式 AI 工具高度重合。

➤ 平面设计师：生成式 AI 设计工具能够在几秒钟内生成多种设计风格，减少对初级设计师的需求。

➤ 翻译工作者：AI 翻译工具正在不断改进，因此会减少对人类翻译员的需求，特别是对于很多常规的、要求不是特别高的翻译内容。

➤ 数据录入员和文书工作者：涉及将数据输入系统和基本行政任务的工作都可以轻松使用 AI 自动化。

➤ 电话营销员：AI 可以处理有脚本的电话沟通，识别客户的回应并相应调整其脚本，从而影响电话营销岗位。

➤ 记账工作者：常规记账任务，如数据输入和账目对账，可以通过 AI 高效自动完成。

➢ 市场研究分析师：AI可以比人类更有效地收集、分析和解释大量数据，部分市场研究的职责可能被取代。

➢ 质量控制工程师：对于涉及检查产品或软件是否存在已知问题的重复性任务，AI可以被训练来识别和报告缺陷。

➢ 股票交易员：使用AI的算法交易已经很普遍，许多基于数据分析的交易决策可以完全自动化。

➢ 律师助理：AI能够筛选大量法律数据和文件，提取相关信息，从而减少对律师助理的需求。

➢ 产品摄影师：生成式AI工具能够创建肖像、头像甚至产品图像，部分产品摄影工作可能受到影响。

1.5.4 低风险的工作

虽然未来某些工作可能会消失，但在可以预见的未来，大部分工作将依然被保留，只不过会因生成式AI的出现而发生改变。根据联合国国际劳工组织（International Labour Organization，ILO）2023年的一份报告，生成式AI对大多数工作的影响更多是增强而非摧毁。换句话说，大多数工作更可能是被生成式AI"补充而不是取代"，因此会经历有限的自动化。然而，值得注意的是，ILO报告指出，女性比男性更容易受到生成式AI自动化的影响——女性就业受影响的比例是男性的两倍以上，这主要是因为女性在高风险自动化的文职工作中占据较大比例。因此，这部分谈论的是某些任务可能会被自动化，但岗位本身不太可能完全消失的职业。这些最不容易被生成式AI替代的职业，往往需要深层次的人类思考、创造力、文化理解或动手操作技能。例如，尽管部分医疗诊断任务可能会受到生成式AI的帮助或替代，但医生和医疗专业人员的许多工作内容是AI无法胜任的。因此，类似的许多工作将会演变，许多领域的专业人士将逐步适应并整合生成式AI工具到他们的日常工作中，并专注于发挥需要人类独特技能的方面。

我们先看看教育领域，教学远不止是知识的传递——这一点ChatGPT、

DeepSeek 已经能够很好地完成。教育还涉及理解学生的心理动态变化、适应个体需求、培养学生的良好心态和安全责任。毫无疑问，生成式 AI 将在教育的许多方面提供帮助，例如创建教学内容、将复杂主题简化为易于理解的摘要、个性化教育内容、评估学生情况、设计定量作业以及自动化处理许多行政任务。然而，我们依然需要那些能够根据学生的微妙线索调整教学方式、与学生建立真正联系、营造和谐课堂、向学生提供细致反馈并激发学生学习热情的老师。笔者从事教学研发和实际教学工作有 8 年之久，同时也是一位有孩子正在接受学校教育的家长，因此我对教学过程做过非常深入的思考。我相信，生成式 AI 可以创造一个和谐的场景，让 AI 与人类教育者相辅相成，彼此放大对方的能力。最终，教师的真诚关怀、与学生的心灵沟通以及对孩子问题的直觉判断，这些不可替代的人类教师品质，将与生成式 AI 的优势相结合，成为未来人类教学的核心要素。

同样，在医疗领域，AI 可以在诊断、药物研发、常规监测和个性化治疗方案制订方面提供极大帮助，但医生、护士和其他医疗专业人员的亲和力、床边护理、同情心以及细致的决策能力无法替代。如果我们能够结合 AI 与人类医疗工作者的各自优势，就一定能够普及和增强医疗服务，提升全球患者的治疗效果。同时，我们也可以减少人为错误，使医疗专业人员有更多时间专注于个性化护理和对患者的细致关怀。

法律相关职业是另一个可以由生成式 AI 增强的"知识型工作"的典型例子，这类职业正因为技术进步特别是 AI 的发展而面临重大变革。数据分析、文件审查和法律研究等工作都可以通过 AI 简化很多工作量，而自动化合同分析和案件结果预测也是 AI 正在取得进展的领域。然而，律师工作的核心本质——伦理判断、客户咨询、谈判以及法庭辩护——仍将深深植根于人类的技能和直觉。优秀的律师不仅需要强大的同情心，还需要敏锐的道德判断能力，这是生成式 AI 无法复制的技能。因此，随着技术的不断发展，律师们可能会发现与 AI 协同工作是最优的方案，因为在利用机器的高效输出和强大的数据处理能力的同时，可以让自己更专注于那些需要人类洞察力、创造力和伦理理解力的复杂高层次任务上。

除了以上教育、医疗和法律相关职业外，接下来让我们快速浏览一下其他会被生成式 AI 助力的工作。

➢ 软件开发人员：虽然生成式 AI 可以自动化某些任务的代码编写，但软件开发还涉及问题沟通、设计和理解用户需求——这些都是人类擅长的领域。

➢ 会计和审计师：尽管基本的会计任务可以通过 AI 自动化，但复杂的审计、财务分析和战略建议仍然依赖于人类的洞察力和判断。

➢ 营销经理：AI 可以分析数据并提供策略建议，但人类的创造力、战略监督以及对文化和市场趋势的敏锐理解不可替代。

➢ 创意专业人员：虽然 AI 可以生成艺术作品或音乐，但人类的创造力与我们自身的经历密切相关，所以艺术家、音乐家和作家可以结合 AI 的产出，将独特的人类视角、情感和文化见解融入到他们的作品中。

➢ 人力资源专业人员：许多 HR 任务可以且将会被自动化，但处理员工关系、理解工作场所动态以及对人做出判断的能力，仍然需要情感细腻且富有同理心的人类来把握。

➢ 科学家：虽然 AI 可以在数据分析和建模方面提供帮助，但科学发现，正是因为人类的好奇心驱动了新假设的形成和复杂结果的深度解释。

在被生成式 AI 颠覆风险较低的工作领域，还包括以下职业。

➢ 熟练的技工：如水电工、管道工和机械师，这些工作既需要专业知识，也需要动手能力，更需要在不可预测环境中的问题解决能力，这对 AI 来说仍然是一个挑战。

➢ 应急响应人员：消防员、急救人员和警察常常在复杂、不可预测的环境中工作，需要迅速做出基于多种因素的瞬间决定，很多时候这超出了 AI 的能力边界。

➢ 精神卫生专业人员：治疗师、顾问和心理学家依赖于深厚的同情心、直觉和对人类行为的理解，这些都是 AI 难以复制的特质。

➢ 社工：这是另一个处理复杂人类问题的角色，需要同情心、文化理解以及应对不可预测的情感场景的能力,这些都不是 AI 的强项。

➢ 管理和领导角色:高管和其他商业领袖需要驾驭复杂的人际关系、做出战略决策、激励并引导团队,这些关键技能目前 AI 无法替代。

总之,人类的触感、直觉、细致的决策能力、创造力、人际关系处理以及在不可预测环境中的实际操作能力,仍将在未来的就业市场中发挥非常重要的作用。那些深深植根于这些人类技能的工作将更能够抵御生成式 AI 带来的广泛影响和颠覆。

1.5.5 新工作会被创造出来

毫无疑问,部分工作会被生成式 AI 淘汰,而大部分工作将被生成式 AI 改变。然而,历史告诉我们,变革性技术的引入往往会创造出全新的工作岗位。因此,生成式 AI 不仅是一个破坏者,它也是机会的创造者。接下来,让我们探讨一些生成式 AI 正在创造的新工作。

➢ AI 训练师:这些专业人员专门负责"教授"并优化 AI 模型。他们的任务包括为 AI 模型提供训练数据、监督和微调其输出,以确保 AI 模型的效果准确、可靠,并符合预期的标准。

➢ AI 伦理师:随着生成式 AI 功能的日益强大,显然需要专业人员来确保这些系统的开发和使用符合伦理标准,避免偏见,并以对社会负责任的方式使用。

➢ AI 维护工程师:如同其他系统,AI 模型也需要持续更新和维护。AI 维护工程师负责确保系统的高效运行,及时排除故障,并优化 AI 的性能。

➢ 人机协同设计师:这些专业人员将专注于设计 AI 与人类协同工作的方式,确保 AI 工具能够无缝融入人类的工作流程。

➢ 生成设计专家:在建筑、产品设计和工程等领域,生成式 AI 能够快速生成多种不同的设计内容。作为生成设计专家,能指导 AI 工具,确保其生成的设计满足项目的功能性和美学要求,实现最佳设计方案。

➢ AI 内容审查员:无论是书面文章、视觉设计,还是其他形式的内容,都需要人类审查员来评估生成内容的质量、准确性和适当性，确保AI输出符合预期标准。

➢AI增强娱乐创作者：生成式AI可以用于创作音乐、视频内容、虚拟现实场景甚至视频游戏元素。那些能够有效运用这项技术进行创意工作的人正在逐渐成为新兴的创意先锋。

➢数据质量工程师：生成式AI的有效性高度依赖于训练数据的质量。因此，具备数据策划和处理技能的专业人员至关重要，他们负责确保数据准确、相关且无误，以提高AI模型的表现。

➢AI交互设计师：随着AI工具越来越普及，需要AI交互设计师来设计直观的用户体验，确保人与AI之间的互动流畅、自然，提升用户对AI系统的使用体验。

➢AI解决方案定制开发工程师：虽然许多AI应用具有普适性，但不同行业有特定需求。AI解决方案定制开发工程师专注于为不同行业打造定制化的AI解决方案，满足独特的业务需求。

➢AI政策和法规专家：随着AI越来越多地融入社会，AI政策和法规专家将负责制定相关政策和法规。他们既需要了解AI技术本身，又需要理解其对社会的潜在影响，以确保AI的使用符合伦理标准并保障公众利益。

➢AI素养教育工作者：正如使用计算机在20世纪后期和21世纪初成为一项基本技能一样，运用AI也会成为未来的关键技能，市场将需要大量教育工作者来教授AI的工作原理和实际应用，帮助人们适应AI驱动的工作环境。

总的来说，随着生成式AI的不断发展，就业格局必然会发生改变。部分工作会被生成式AI淘汰，而大部分工作将受到生成式AI的影响并被重新定义。同时，为了确保AI的有效性、伦理性以及其对社会的积极作用，许多围绕指导和完善AI的工作将应运而生。此外，整合AI能力到各行各业的各类新兴职位也会不断涌现，帮助人类与AI协同工作，推动社会进步。

小结

通过本章的探讨，我们了解了生成式人工智能如何从人工智能的整体框架中脱颖而出，以创造性的方式改变了众多行业。无论是艺术创作的颠覆性表现，还是商业效率的巨大提升，生成式人工智能的影响已经无处不在。然而，随着技术潜力的不断扩大，关于其伦理问题、版权争议以及对就业市场的冲击等挑战也逐渐显现。这些问题不仅为技术发展提供了思考维度，也为人类如何与技术共存提出了新的命题。在后续的章节中，我们将继续探讨这些问题，并从技术、社会、行业和应用的多重视角，期待与读者共同解读生成式人工智能的无限可能与巨大潜力。

第二章

生成式 AI 的底层逻辑

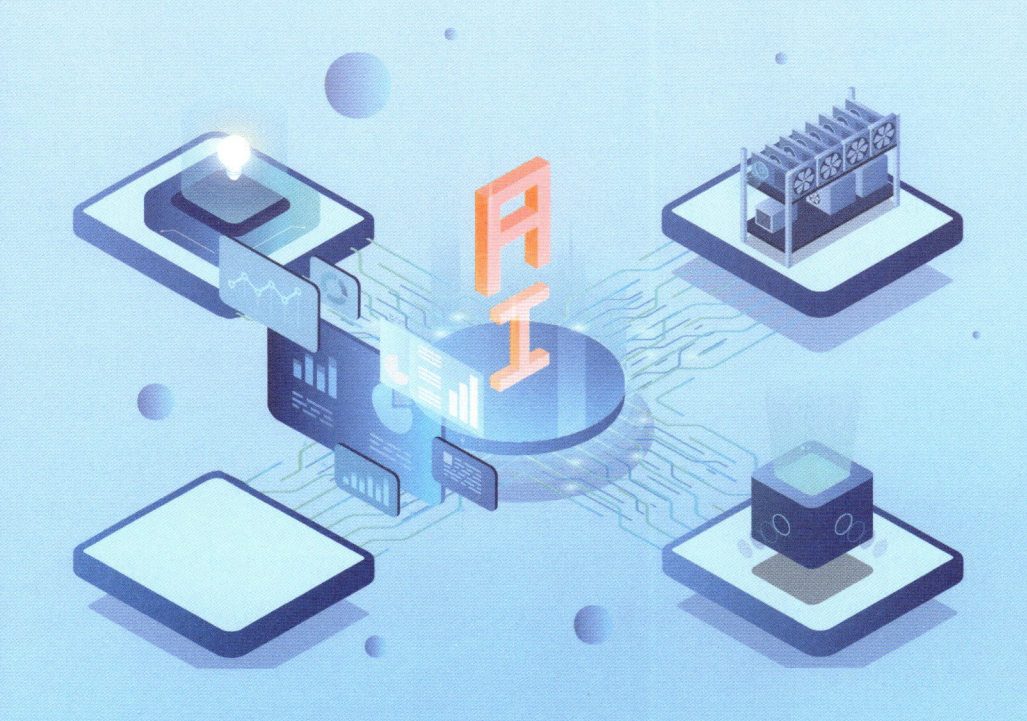

为了让读者能够更好地应用生成式 AI 产品，并将其功效发挥到极致，同时避开当前生成式 AI 产品的一些弱点，本章我们将深入探讨生成式 AI 的底层运作逻辑，揭示"如何生成"的问题，解析生成式 AI 的"内在结构"。本章内容将涵盖生成式 AI 的底层逻辑，如 GPT、Transformer、注意力机制以及生成式 AI 的学习过程等。尽管这些概念现在看起来可能有些复杂，但读完这一章后，你将理解它们的运作方式，从而能够灵活运用各种生成式 AI 产品，更好地让生成式 AI 为自己服务。

2.1 生成式 AI 与机器学习

在前一章讲人工智能的发展历程时，我们提到人工智能至今经历了三次浪潮，而第三次浪潮也就是当前的这次浪潮，最重要的推动力就是机器学习技术的广泛研究与大规模应用。生成式 AI 作为第三次浪潮的产物，自然离不开机器学习的支撑。因此，接下来我们就从机器学习开始讲起。当看到"机器学习"这几个字时，读者可能会产生疑问："机器是如何学习的呢？它们也像我们人类一样有大脑吗？可以通过读万卷书、行万里路、阅人无数、三省吾身等方式来学习吗？"

简单理解的话，机器学习的方式与人类学习相似。只不过机器没有自主学习的能力，不能主动获取知识，而是由人工智能科学家或工程师将准备好的资料"喂"给它学习。也就是说，机器学习的内容是由开发相应应用的科学家或工程师决定。这些喂给机器的内容统称为"数据"。例如，为了让机器能够写出好的文章，就需要向它提供大量优秀的网络文章（如维基百科）、电子书、论文、精选的优质博客等；为了让机器学会写代码，则需要提供各种高质量的代码数据，典型的如 GitHub 上的开源代码或计算机书籍中的示例代码；为了让机器能够作画，则需要提供不同风格、不同背景、不同流派和不同大师的图片作品。同样的道理，若想让机器学会作曲、歌唱或制作视频，也需要提供相应的资料。接下来，我们通过一个简单易懂的例子，进一步解释机器如何进行学习。

中国房地产经纪公司链家，曾经在其官网和 App 中推出了一项房价预测的功能，用户可以通过这个功能查看自己感兴趣的小区或房产在未来几个月的房价预测。不过，由于在房价上行期间，这一功能有推高房价的潜在作用，因此后来被下架。我们就以这个例子来说明机器是如何通过学习来做出预测。为了让机器能够预测房价，首先需要给它提供大量的房屋成交数据。假设我们以北京市的房屋成交数据为例，简化后的内容如下表所示。

表 用于房价预测的北京房屋成交数据（简化后）

序号	城区	小区	卧室数量	厅	面积（平方米）	楼层	距地铁口距离	成交价（万元）
1	西城	A 小区	2	1	72.45	3	325 米	940
2	西城	A 小区	3	2	98.75	1	418 米	1185
3	西城	B 小区	2	1	66.78	6	520 米	855
4	西城	B 小区	3	2	96.13	3	477 米	1130
5	海淀	C 小区	2	1	80.25	3	820 米	640
6	海淀	C 小区	3	2	103.32	1	765 米	725
7	海淀	D 小区	2	1	76.38	6	3725 米	450
8	海淀	D 小区	3	2	105.46	3	4027 米	630

为什么这里使用简化后的数据呢？因为实际上影响房价的因素非常多，比如楼栋位置（在小区中间还是靠近马路）、楼龄（同一小区内楼龄也会不同）、教育资源（周边的大、中、小学分布）、医疗设施（周边医院的等级和距离）、公交状况（除地铁外的公交情况）、商业设施（周边生活的便利程度）、成交时间等。尽管这些因素都会对房价产生影响，但不考虑它们并不影响我们理解机器学习的过程。所以为了让读者更好地理解机器学习的本质，并避免过多因素的干扰，我们用上面简化后的数据更加合适。

现在有了这些房屋成交数据，当然实际数据量要远远超过这里列出的 8 条。接下来，就可以由人工智能工程师将这些数据输入到电脑中（具体来说是输入到电脑的程序中）。电脑会通过学习这些数据，找出房价与各个因素

（如上表中的面积、卧室数量、楼层、位置等）之间的关系。例如，电脑会发现房子的面积越大，价格通常越高；距离地铁口越远，价格通常越低等。当然电脑学到的是考虑了上面各个因素的综合关系，因此我们可以认为它"学到了"影响房价的各个因素的综合规律。接下来，电脑可以应用它所掌握的规律，对一些近期的房屋交易进行价格预测。然后，将电脑的这些预测结果与房屋的实际交易价格进行对比，评估预测的准确性。如果预测与实际价格差距较大，说明电脑还没有真正掌握规律，就需要让它继续学习，或者给它提供更多的数据。直到电脑的预测结果与实际差距很小，才说明预测功能达到了可以上线使用的水平。这就是机器学习的基本内在逻辑。

2.2 机器学习与深度学习

前面我们讲了机器学习的底层逻辑，那么作为与机器学习经常同时出现的概念——深度学习，它又是什么呢？简单来讲，机器学习是一个更广泛的领域，包含了许多不同的算法和技术，而深度学习则是其中的一个特定分支，这个分支专注于使用深度神经网络。提到神经网络，读者可能会联想到人脑中的神经网络。那么，深度学习中的神经网络和人脑中的神经网络有什么关系呢？实际上，深度学习中的神经网络受人脑神经网络的启发，但它们并不是完全一样的。接下来我们会进一步探讨这个问题，帮助大家理解两者之间的联系和区别。

我们先从人脑中的神经网络开始说起，人脑中的神经网络是一个极其复杂的系统，包含 500 亿—1000 亿个神经元。这些相互连接的神经元共同构建了大脑中的神经网络，负责产生意识，帮助生物进行思考、记忆和行动。对神经元的研究历史悠久，早在 19 世纪末至 20 世纪初，生物学家就已经了解了神经元的基本结构。一个典型的神经元通常具有多个树突，主要用于接收传入的信息；而轴突则通常只有一个，轴突末端有多个轴突末梢，可以将信息传递给其他多个神经元。轴突末梢与其他神经元的树突相连接，从而实现信号的传递，这种连接在生物学上被称为"突触"。图 2.1 展示了人脑神经元的组成结构。

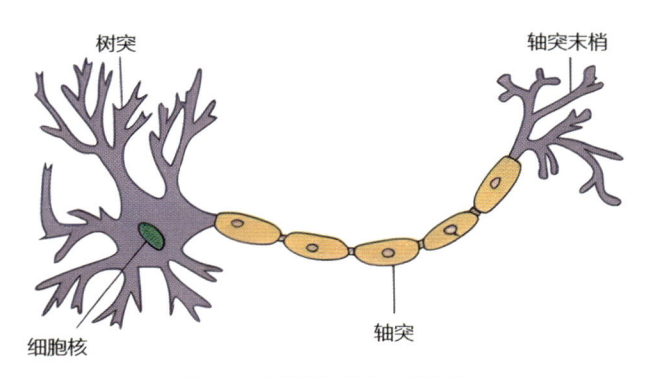

图 2.1 人脑神经元的组成结构

20 世纪 40 年代，心理学家沃伦·麦卡洛克（Warren McCulloch）和数学家沃尔特·皮茨（Walter Pitts）基于上述生物神经元的结构，提出了一个抽象的神经元模型，称为 M-P 神经元模型。该模型由输入、输出和计算功能组成。输入部分可以类比为生物神经元的树突，输出部分则类似于神经元的轴突，而计算功能相当于神经元的细胞核。其结构如图 2.2 所示。

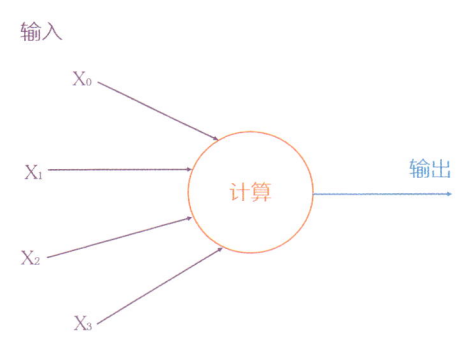

图 2.2 M-P 神经元模型

麦卡洛克和皮茨提出的 M-P 神经元模型虽然简单，但已经奠定了神经网络体系的基础。M-P 神经元模型模仿了人类大脑的神经网络，用于信息处理，并具备一定的自主学习和自我适应能力。随后，在 20 世纪 50 年代，计算科学家弗兰克·罗森布拉特（Frank Rosenblatt）提出了一种由两层神经元构成的神经网络。他将其命名为感知机（Perceptron，一些文献中也翻译为"感知器"），这是最早的神经网络之一，主要用于解决二分类问题。比如，在军事领域，通过卫星图像识别某个区域中是否隐藏着坦克就是一个典型的二分类问题。

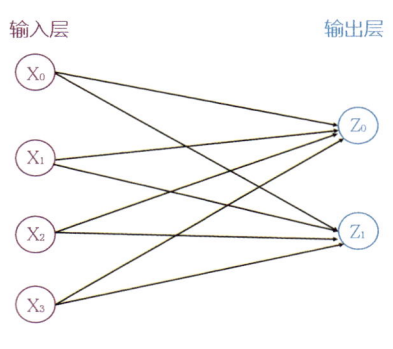

图 2.3 感知机

感知机实际上是 M-P 神经元模型的组合体，结构上仅包含一个输入层和一个输出层。输入层的神经元仅用于提供输入数据，不参与计算，而输出层的神经元则对输入层提供的数据进行计算，并最终得到模型的输出结果。如图 2.3 所示，该感知机的输入层包含四个神经元，输出层包含两个神经元。

感知机是当时第一个具备自我学习能力的人工神经网络。Rosenblatt 在现场演示了其学习和识别简单图像的过程，这一突破在当时的社会引起了极大轰动。许多人认为，智能的奥秘已经被揭开，众多学者和科研机构纷纷投入这一领域的研究。美国军方也对这一研究给予了大力支持，甚至认为其重要性超过"原子弹工程"，并持续投入资金直到 1969 年。因为，正当人们热情高涨的时候，当时人工智能领域的领军人物 Minsky 在 1969 年出版了一本名为 *Perceptron* 的书。书中通过详细的数学证明指出了感知机的局限性，即感知机只能处理简单的线性分类问题。同时，Minsky 认为，虽然可以通过增加计算层来提升感知机的能力，但随之而来的计算复杂度将大大增加，且当时缺乏有效的学习算法。因此，他断言研究多层的感知机没有实质意义。由于 Minsky 的巨大影响力，以及 *Perceptron* 一书中呈现的悲观预期，许多学者和研究机构纷纷放弃了这一领域的研究，导致这一技术停滞了近 20 年。

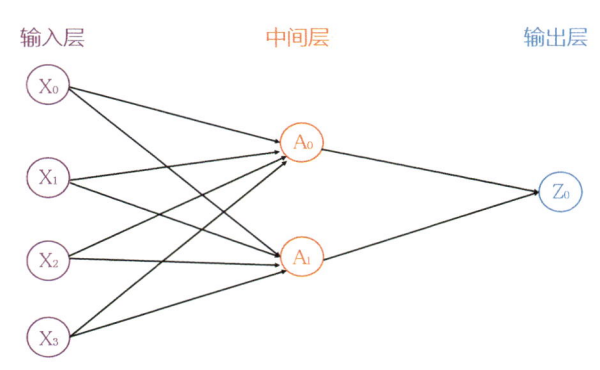

此时，中间层和输出层都是计算层，如图 2.4 所示。

图 2.4 多层感知机

直到 20 世纪 80 年代，大卫·鲁梅尔哈特（David Rumelhart）等人的工作才让保罗·韦伯斯特（Paul Webster）在 1974 年提出的反向传播（Backpropagation）算法得到了广泛应用。这一算法解决了 Minsky 提出的感知机在增加计算层时所面临的计算复杂度问题，从而推动了多层感知机（也被称为两层神经网络，相比这里说的多层感知机，前面提到的感知机被称为单层感知机或单层神经网络）的研究热潮。如图 2.4 所示，多层感知机是在单层感知机的基础上，在右边新增一个输出层（原来的输出层变成了中间层），即除了原有的一个输入层和一个输出层之外，还添加了一个中间层（也称为隐藏层）。此时，中间层和输出层都参与计算，这种结构显著提升了感知机的学习能力和应用范围。

2006 年，加拿大多伦多大学的计算机科学家、被誉为"深度学习之父"的杰弗里·辛顿（Geoffrey Hinton）在 Science 及相关期刊上发表的论文中首次提出了深度信念网络（Deep Belief Network，DBN），此举标志着深度学习的兴起。与传统的训练方法不同，深度信念网络采用了"预训练"（Pre-training，我们常说的 GPT 中的 P 就是 Pre-training）的过程，这一过程有助于神经网络更有效地接近最优解。同时，辛顿为多层神经网络相关的学习方法赋予了一个全新的名词——"深度学习"。

简单来说，我们可以将超过两层（前面提到的多层感知机就是两层神经

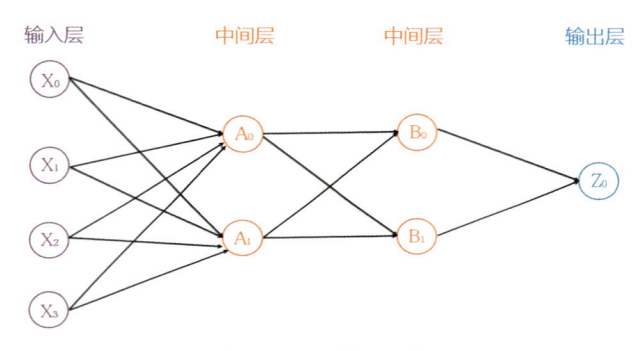

网络）的多层神经网络称为深度神经网络，而深度神经网络的训练过程被称为深度学习。因此，深度神经网络在许多时候也被直接称为深度学习。图 2.5 展示了一种延续两层神经网络的方式设计的多层神经网络结构，即在原有两层神经网络的输出层之后继续添加新的层，使得原来的输出层变为中间层，而新增加的层成为新的输出层，由此构成了图 2.5 中的深度神经网络结构图。按照这种方式不断增加层数，我们可以构建出更多层的多层神经网络，即所谓的深度神经网络。

图 2.5 深度神经网络

深度信念网络通过有效的预训练解决了深层神经网络训练困难的问题，这一观点在人工智能领域引发了巨大反响。许多著名的高校学者，如斯坦福大学的研究人员，纷纷开始深入研究深度学习。因此，2006 年被称为"深度学习元年"，深度学习从这一年开始快速崛起和发展。到了 2009 年，深度学习开始在语音识别领域初露锋芒。紧接着，2012 年，深度学习在图像识别领域也取得了突破性进展，辛顿的学生通过深度学习模型 AlexNet 在国际知名的 ImageNet 图像识别竞赛中获得了冠军。AlexNet 模型通过深度神经网络对包含 1000 个类别的数百万张图像进行训练，最终取得了 15.3% 的分类错误率，这一成绩比第二名低了近 10.8 个百分点，充分展示了深度神经网络在图像识别中的卓越性能。这一成功使得深度学习几乎成为深度神经网络的代名词，并推动了其在计算机视觉领域的广泛应用。自此，关于深度神经网络的研究与应用如雨后春笋般涌现，进一步推动了这一领域的快速发展。

所以，回顾神经网络的发展历程，可以说是充满波折与起伏，既有备受推崇的高光时刻，也有跌落谷底、无人问津的低潮期，整个过程经历了数次大起大落。从最初的单层神经网络（感知机）开始，接着发展到包含一个隐藏层的两层神经网络，再到后来的多层深度神经网络，神经网络共经历了三次重要的兴起与革新过程。每一次的进步都推动了人工智能领域的跨越式发展，最终促成了如今深度学习的广泛应用。而之所以在单层神经网络时代，Rosenblatt 无法构建一个双层分类器，主要是由于当时的计算性能不足，Minsky 也正是基于这一点，批评并打压了神经网络的发展。然而，Minsky 未曾预料到，十几年后，随着计算机 CPU 的快速发展，我们已经能够训练两层神经网络，并且还出现了快速的学习算法——反向传播算法。但是在两层神经网络迅速普及的时期，由于计算性能的限制以及某些计算方法的局限性，更多层的神经网络无法发挥其潜在优势。直到 2012 年，研究人员发现用于高性能计算的图形处理单元（GPU）极大地适合神经网络的训练需求。GPU 的高并行性和大容量存储，加上互联网时代海量数据被积累和整理，以及不断涌现的更优训练方法，多种因素共同作用，满足了深度神经网络全面发挥能力的条件。自此，深度神经网络（即深度学习）得以焕发出巨大的光彩。

讲到这里，读者应该能够理解，深度神经网络是通过模拟人脑的人工神经元，经过多次迭代，从感知机（即单层神经网络）发展到多层感知机（即两层神经网络），再到深度神经网络的过程。这一演进使得深度神经网络也被称为模拟人脑的人工神经网络。同时，深度神经网络与其他机器学习算法一样，具备从数据中发现规律的能力，因此它是机器学习的一个分支。所以我们可以说，机器学习涵盖了多种算法和技术，而深度学习则是其中的一个子集。通过深层神经网络强大的自动特征提取和学习能力，深度学习在图像识别、语音识别和自然语言处理等复杂任务中表现尤为出色。图 2.6 展示了人工智能、机器学习和深度学习之间的关系。

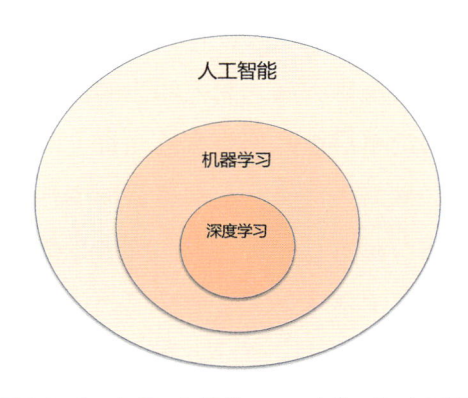

图 2.6 人工智能、机器学习、深度学习关系示意图

2.3 其实都是函数

通过以上的介绍，我们已经了解到深度学习是机器学习的一个分支，并且了解了深度学习如何从人工神经元逐步发展而来。那么，如何简单理解机器学习和深度学习的作用呢？接下来，我们通过一个小故事来加深理解。

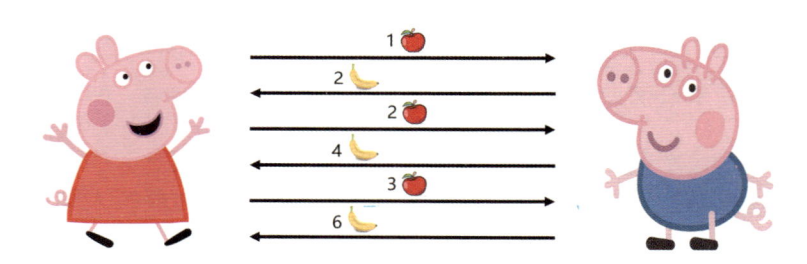

图 2.7 Peppa 和 George 游戏互动的过程

假如动画片 *Peppa Pig* 中的两位主角 Peppa 和 George 有一天在玩一个小游戏（游戏互动过程如图 2.7 所示）。游戏刚开始时，Peppa 给了 George 1 个苹果，George 回赠了 Peppa 两个香蕉。接着，Peppa 给了 George 两个苹果，George 又给了她 4 个香蕉。第三次，Peppa 给了 George 3 个苹果，George 则回赠了 6 个香蕉。那么，如果接下来 Peppa 给了 George 4 个苹果，你猜 George 会给 Peppa 几个香蕉呢？相信聪明的你已经很容易猜到了——是 8 个香蕉。为什么呢？你肯定会说，根据前面三次的规律，George 每次给 Peppa 的香蕉数量

都是 Peppa 给的苹果数量的两倍。确实如此，所以根据前面的规律，我们实际上可以推导出一个函数：y = f(x) = 2x，其中 x 是 Peppa 给 George 的苹果数量，而 y 是 George 回赠给 Peppa 的香蕉数量。有了这个函数，无论 Peppa 给 George 多少个苹果，我们都可以轻松计算出 George 会回赠多少个香蕉。

接下来，问题会变得稍微复杂一点儿。还是 Peppa 和 George 在玩这个小游戏（游戏互动过程如图 2.8 所示）。起初，Peppa 给了 George 1 个苹果，但 George 没有给 Peppa 香蕉。随后，Peppa 给了 George 两个苹果，George 回赠了她 4 个香蕉。第三次，Peppa 给了 George 3 个苹果，George 则给了她 8 个香蕉。那么，如果接下来 Peppa 给了 George 4 个苹果，你猜 George 会给 Peppa 多少个香蕉呢？这个问题的难度要稍微大一点儿，但相信你依然可以轻松猜到——12 个香蕉是一个合理的答案。为什么呢？因为根据前面三次的规律，George 每次给 Peppa 的香蕉数量是 Peppa 给的苹果数量的四倍再少 4 个。所以，如果我们像之前一样用函数表示，那么这个函数可以写为：y = f(x) = 4x − 4，其中 x 是 Peppa 给 George 的苹果数量，而 y 是 George 回赠给 Peppa 的香蕉数量。同样有了这个函数，无论 Peppa 给 George 多少个苹果，我们都可以轻松计算出 George 会给 Peppa 多少个香蕉。

图 2.8 Peppa 和 George 游戏互动的过程（新）

说到这里，读者可能会好奇，这个故事和机器学习、深度学习有什么关系呢？其实，机器学习和深度学习的核心正是从给定的数据中找到规律，即找到那个函数。以刚才的故事为例，如果我们让机器来从数据中找出规律，我们首先会让计算机假定一个函数 y = f(x) = ax + b，其中 a 和 b 被称为参数，这两个参数在一开始是未知的，而 x 是 Peppa 给 George 苹果的数量，y 是 George 给 Peppa 香蕉的数量。所以根据图 2.8 中的信息，我们可以将三组数据提供给计算机，分别是 [x = 1，y = 0]、[x = 2，y = 4]、[x = 3，y = 8]。通过这些数据，计算机可以推算出 a = 4，b = –4，从而得到函数 y = f(x) = 4x – 4，这就是机器从数据中学到的规律。

当然，有读者可能会说，不需要 3 组数据，用两组数据就足以求出这个函数。确实如此，但是我们这里是通过一个简单的例子帮助大家理解。实际上，我们需要用机器学习和深度学习解决的问题远比这个复杂得多。例如，在自动驾驶场景中，计算机需要识别周围物体的种类。在这种情况下，计算机同样需要构建一个函数 y = f(x) = a⋯b⋯c⋯d⋯e⋯f⋯g⋯，只是这个函数中 a、b、c、d、e、f、g 这样的参数会达到百万个以上，函数也不会是简单的线性函数。这时，x 则是自动驾驶的感知设备，比如摄像头给计算机提供的图片数据。当然为了能计算出这百万个以上参数的合理数值，给计算机提供的图片数据也就不可能像我们前面例子中看到的是几条数据，而是会达到数百万张甚至上亿张图片，而 y 则是图片中的物体是什么，例如是自行车还是人或者是树木、红绿灯，等等。有了这些数据，包括图片和图片中有哪些物体，当机器通过这些海量数据学到了规律后，函数中的参数 a、b、c、d、e、f、g 等就有了明确的数值，例如 a = 2.4，b=0.8，c=0.35 等，那么函数 y = f(x) 也就被确定了。接下来，自动驾驶汽车的摄像头拍摄到的所有周边图片都会作为输入 x 被送入到这个函数，经过快速计算后，函数会返回 y（即图片中有什么物体）。如此一来，自动驾驶车辆不仅拥有了"眼睛"（摄像头），还具备了类似于人类的大脑，能够实时判断路况并做出正确的决策。

上述那个包含 a、b、c、d、e、f、g 等参数的函数，当其经过机器学习后，参数数值被确定，这样的函数在人工智能领域中有一个专业的术语——模型。以我们前面提到的自动驾驶场景中的图像识别为例，这个模型被称为视觉模型。

对于 ChatGPT、DeepSeek 等来说，原理也是相同的。计算机首先假设一个函数 y = f(x) = a···b···c···d···e···f···g···，其中 a、b、c、d、e、f、g 这样的参数可能会达到上亿个（如图 2.9 所示）。而 x 是输入给计算机的文本数据，当然与自动驾驶场景中的图像识别类似，为了能计算出这上亿个参数的值分别是多少才合理，计算机需要大量的文本数据进行训练，而 y 则是针对 x 的响应数据。例如 ["杜甫是哪个朝代的？" "唐朝。"]、["318 乘以 75 等于多少？" "23850。"]、["How are you？" "Pretty good."] 就是三组 x 和 y。在接下来的机器学习过程中，计算机会根据这些数据自己寻找规律，即不断计算 a、b、c、d、e、f、g 等这上亿个参数的值，直到找到一组合适的值之后，才会停止计算。此时，函数 y = f(x) 被确定下来，这就是所谓的"模型"。由于这是针对语言的模型，并且模型中的参数非常多，训练所需的数据量又非常大，因此这样的模型被称为"大语言模型"（Large Language Model，LLM）。

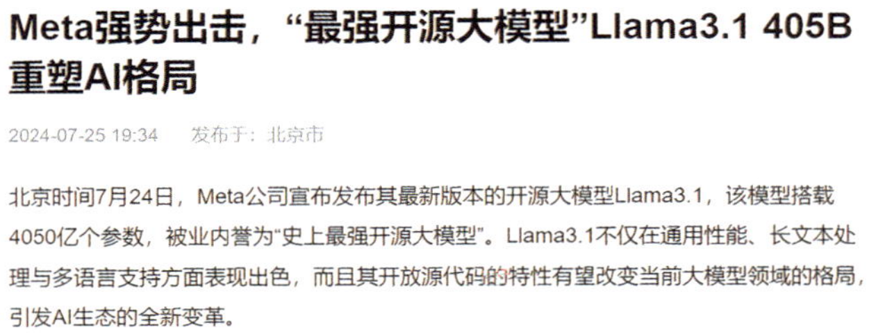

Meta强势出击，"最强开源大模型"Llama3.1 405B 重塑AI格局

2024-07-25 19:34　发布于：北京市

北京时间7月24日，Meta公司宣布发布其最新版本的开源大模型Llama3.1，该模型搭载4050亿个参数，被业内誉为"史上最强开源大模型"。Llama3.1不仅在通用性能、长文本处理与多语言支持方面表现出色，而且其开放源代码的特性有望改变当前大模型领域的格局，引发AI生态的全新变革。

图 2.9　Meta 公司发布的开源大模型 Llama3.1，参数达到 4050 亿个

类似的，除了我们前面提到的视觉模型、语言模型之外，还有语音模型、棋类对弈模型、情感分析模型等。这些模型本质上都是函数，只是有些函数的参数多，有些参数少，复杂程度各不相同而已。例如，2016 年引起大家争相热议的 AlphaGo 就是一个围棋对弈模型。从函数的角度来看，AlphaGo 的输入 x 是当前围棋棋盘的布局——即 19 行 19 列的棋盘上，哪些位置有白子，哪些位置有黑子，哪些位置是空的，这些信息被作为函数的输入，而函数则根据已经学习到的参数计算输出值 y。这个输出 y 就是下一步应该在 19 行 19 列的棋盘上哪个位置落子，才能让 AlphaGo 赢的概率最大。

同理，在人脸考勤模型中，从函数的角度来看，输入 x 是一张人脸的照片，而输出 y 则是该照片所对应的公司员工身份。再结合当前系统时间，就可以自动完成人脸打卡。因此，我们可以说，当前机器学习和深度学习的核心目标就是找到一个合适的函数。当然，这个函数往往非常复杂，远非某位专家或团队可以自己分析人为找出规律，而是需要借助机器学习和深度学习，并结合海量数据才能最终找到规则。故而正如图 2.10 所展示的那样，现代的人工智能在文本、图像、语音、视频等各个领域的应用，归根结底都在致力于找到一个合适的函数。

语音识别函数：
$f($ 〰️ $)=$ "大家好"

人脸识别函数：
$f($ 👤 $)=$ "刘德华"

聊天对话函数：
$f($ "同志们好" $)=$ "首长好"

围棋对弈函数：
$f($ ⬛ $)=$ "9-9"

图 2.10　其实都是函数

2.4 GPT、Transformer 与注意力机制

"GPT"这个词为大家所熟知并广泛使用，需要归功于 2022 年 11 月 30 日 OpenAI 公司发布的一款聊天机器人产品——ChatGPT。ChatGPT 这个名字中，"GPT"是实现该产品的技术核心，而"Chat"则代表其聊天功能，因此，ChatGPT 顾名思义就是利用 GPT 技术进行对话的软件产品。GPT 的全称是 Generative Pre-Trained Transformer（生成式预训练 Transformer）。这一名称包含三个关键词：Generative（生成式）、Pre-Trained（预训练）和 Transformer（这个词是一个技术专有名词，一般不翻译，如果硬翻译，可以翻译成"转换器"）。其中，Generative（生成式）在前一章的生成式人工智能部分已经做过详细阐述，Pre-Trained（预训练）将在本章的"GPT 学习过程"部分进行讲解。接下来，我们将重点介绍 Transformer 这一核心技术，它是 GPT 的关键组成部分。为了

更好地理解 Transformer 的作用，我们先来看一下 GPT 作为大语言模型的核心技术，经历了如下的发展历程。

➢2017 年 6 月，Google 发表了一篇名为 Attention is All You Need（注意力机制是你所需要的一切）的论文，首次提出了 Transformer 模型。这一模型的提出为 GPT 模型的出现奠定了重要基础，也标志着自然语言处理领域的一次重大突破。Transformer 模型通过引入注意力机制，极大提升了语言模型在处理大规模文本数据时的效率和效果，从而成为 GPT 等大语言模型的核心架构。

➢2018 年 6 月，OpenAI 发表了一篇题为 Improving Language Understanding by Generative Pre-Training（通过生成式预训练提升语言理解能力）的论文，首次提出了 GPT 模型。这是 GPT 系列的第一个版本，其训练参数量为 1.2 亿个，所使用的训练数据规模为 5GB。该模型通过生成式预训练的方式显著提升了语言理解能力，标志着生成式预训练模型在自然语言处理领域的正式应用。

➢2019 年 2 月，OpenAI 发表了一篇题为 Language Models are Unsupervised Multitask Learners（语言模型是无监督的多任务学习者）的论文，提出了 GPT-2 模型。相比于 GPT-1，GPT-2 的训练参数量大幅提升至 15 亿个，训练所使用的数据规模也扩大到 40GB。这一版本的 GPT 模型在多个任务上展现了强大的无监督学习能力，进一步推动了语言模型在自然语言处理中的应用与发展。

➢2020 年 5 月，OpenAI 发表了题为 Language Models are Few-Shot Learners（语言模型是小样本学习者）的论文，推出了 GPT-3 模型。GPT-3 的训练参数量大幅飞跃至 1750 亿个，训练数据规模也达到了 45TB。相比于 GPT-2，GPT-3 的参数量增长了超过 100 倍，而所使用的数据规模则增加了超过 1000 倍。这一代模型具备了更强的语言生成能力，并能够在小样本学习场景中展现出卓越的表现，标志着语言模型发展史上的又一次重大突破。

➢2022 年 2 月底，OpenAI 发表了题为 Training Language Models to Follow Instructions with Human Feedback（通过人类反馈训练语言模型以遵循指令）的论文，正式推出 InstructGPT 模型。InstructGPT 是在 GPT-3 基础上进行的一次增强与优化，因此也被称为 GPT-3.5。该模型通过引入人类反馈进行训练，使其在遵循指令和生成更加符合用户意图的回答方面表现得更加出色。这一改进标志着语言模型朝着更加精确和用户友好的方向发展。

➢2022 年 11 月 30 日，OpenAI 推出了 ChatGPT 这一软件产品，并提供试用，迅速在全网引发热潮。ChatGPT 与 InstructGPT 本质上属于同一代模型，都是基于 GPT-3.5 构建而成。ChatGPT 在 InstructGPT 的基础上，增加了专门用于对话的聊天功能，并首次向公众开放测试与使用，进一步推动了人工智能的普及与应用。

➢2023 年 3 月 14 日，OpenAI 发布了大型多模态模型 GPT-4。与 ChatGPT 使用的 GPT-3.5 模型相比，GPT-4 不仅具备了处理图像内容的能力，还显著提升了回复内容的准确性。GPT-4 的多模态特性使其能够理解和生成不同形式的输入，包括文本和图像，标志着语言模型在处理复杂任务时迈出了重要一步。

➢2024 年 5 月 13 日，OpenAI 在一场不到 30 分钟的直播中发布了新一代旗舰生成式模型——GPT-4o。GPT-4o 中的"o"代表"omni"，意为"全能"。这一版本成功实现了文本、音频和图像的全面融合，意味着 GPT-4o 能够同时接受文本、音频和图像作为输入，并根据用户的需求生成相应的文本、音频或图像作为输出。这标志着生成式模型在多模态处理能力上达到了一个全新的高度，进一步扩展了其在各类应用场景中的潜力。

从上面的发展历程中，我们可以发现，Transformer 模型作为 GPT 中最重要、最基础的核心技术，是深度学习领域发展以来最为耀眼的成果之一。因此，有必要单独拿出来说一说。当看到"Transformer"一词时，很多人首先会想到动词"transform"，其含义是"转换"，因此"Transformer"可以理解为"转换器"。那么，在深度学习中转换器的作用是什么呢？其实，Transformer 的核心功能正是将一个序列转换为另一个序列。这里的"序列"指的是文本、视频、语音等一系列有先后顺序且具有连续关系的数据。这类数据的一个共同点是某一部分内容往往与前面的内容相关，同时也会影响后续内容。例如，将用户输入的英文翻译成对应的中文，针对用户提出的问题做出相应的回答，或将用户输入的一段语音转录为相应的文字等，这些都是将一个序列转换为另一个序列的任务。由于这类任务在各个领域的广泛应用，自 2012 年以来，序列到序列（sequence-to-sequence）任务成为了人工智能领域研究的热门方向，诞生了许多专门针对此类任务的序列到序列的模型。然而，这些模型在实际应用过程中也面临一些问题，其中最典型的问题就是当序列长度较长时，模型更容易记住接近序列尾部的内容，而对远离尾部的内容则记忆较差，导致模型的效果很多时候都差强人意。为了应对这一问题，研究人员提出了"注意力机制"（Attention Mechanism），作为提升模型记忆和处理能力的有效解决方案。

为了便于理解什么是注意力机制，我们来看这样一个句子"她把水壶中的水倒入水杯，直至它满了为止"。我们知道这句话中的"它"指的是"水杯"。而在另一个句子中"她把水壶中的水倒入水杯，直至它空了为止"，我们也很清楚，这里的"它"指的是"水壶"。对于我们人类来说，这个判断过程非常简单，因为我们能够结合上下文和语义做出正确的推理。但是对于模型而言，情况就没有那么简单。只有在引入注意力机制后，模型才能结合"满"还是"空"，准确地判断出"它"在不同的句子中是更专注于"水杯"，还是"它"和"水壶"之间的关联性更强，这就是注意力机制引入所带来的好处，它能够帮助模型根据上下文的不同组合，集中注意力在最相关的信息上。如果没有注意力机制，由于"水杯"在句子中的位置比"水壶"更接近"它"，模型可能会错误地认为在这两个句子中，"它"都应该指代"水杯"。注意力机制的引入，正是为了避免这种因距离导致的误判，使模型能够更好地理解句子中的深层含义。

而 Transformer 模型正是通过引入注意力机制（更确切地说是多头注意力机制，这是注意力机制的一种变体），才得以最大限度地理解序列中的语义并输出合适的内容。因此，Transformer 作为目前解决这类序列到序列任务最有效的模型，为 GPT 这种大规模预训练模型的出现奠定了坚实的基础。

正因为注意力机制对 Transformer 模型至关重要，2017 年 Google 的研究人员在提出 Transformer 模型时，差点使用"Attention"这个词作为该技术的名称。

早在 2011 年，Google 的研究人员就开始研究神经网络，他们认为"Attention Net"这个名字听起来比较平淡无趣。而团队中的资深软件工程师 Jakob Uszkoreit 建议采用"Transformer"作为名称，最终这一模型得以"Transformer"的名字出现在同年发表的论文中。

2.5 GPT 的内在逻辑

那么 GPT 作为大语言模型的基础，是如何回答用户提出的各种问题的呢？答案就是"文字接龙"。所谓"文字接龙"，指的是模型在已有的文字基础上，逐字生成接下来的内容。比如"中国"—"国家"—"家庭"—"庭院"就是典型的文字接龙，只不过 GPT 的文字接龙，并不仅仅考虑前文的最后一个字，而是综合分析整个上下文来预测下一个字。举个例子，假设前文是"中国的全称是中华人民共和"，那么 GPT 模型很大概率会在此基础上生成"国"字，因为它会根据前文的所有内容，预测出最合适的下一个字。这种预测不是单纯依靠字面接龙，而是依赖于模型对上下文的深度理解和训练过程中学到的大量语言模式。

再具体一点，GPT 生成长文本回答用户问题的过程，实际上是基于一个逐字的递归式生成机制。也就是说，GPT 会将每一次生成的内容与前文结合起来，形成新的上下文，然后继续生成下一个字。我们可以举一个具体的例子来解释这个过程。假设你问 ChatGPT 的问题是"中国的全称是什么"，在生成回答时，ChatGPT 会首先把这句话作为前文，接下来基于其所学的知识和语境，GPT 很有可能生成"中"这个字。此时，前文就变成了"中国的全称是什么？中"。在此基础上，GPT 继续预测下一个字，很可能会是"华"，因此前文又变成了"中国的全称是什么？中华"。随着这个过程不断重复，GPT 会持续生成下一个字，每一次生成的内容都会与前文一起被重新输入到模型中，以便预测后续的内容。最终，前文可能会变成"中国的全称是什么？中华人民共和国"。此时，GPT 根据上下文和训练的知识库，判断答案已经完整，接下来大概率会生成一个"结束符"，从而停止生成。所以你看到的回答就是"中华人民共和国"。因此，GPT回答问题的整个过程是一个逐步生成的循环，既参考用户的提问，也利用每次生成的内容来不断更新前文，直到模型认为答案完整并结束生成。我们看到的完整回答其实就是这个循环过程中产生的结果。

所以，如果你仔细观察，你会发现ChatGPT或类似的应用在回答问题时，回答是一个字一个字显示出来的，就像有人在电脑前把一个字一个字打出来似的。这背后的原因，正是因为GPT是在做类似"文字接龙"的工作，每一个字的生成，都是基于前面的上下文，然后再预测下一个字。此外，还有一个非常重要的原因是，这种逐步显示的方式可以给用户及时反馈，避免用户等待过长的时间。如果答案在后台一次性生成并显示，用户可能需要等待较长时间才能看到结果。而逐字显示则让用户能够在答案生成过程中看到进展，感觉到实时的反馈，从而提升用户体验。所以这种设计不仅体现了GPT的工作机制，也考虑到了用户的需求和交互体验。

从前面的讲解中，我们会发现GPT的文字生成原理并不复杂，主要就是通过逐字生成，最终回答出了整段内容。那么，如何确保生成的整段内容不会是随意的文字堆砌，而是符合我们的期望呢？答案在于：概率。实际上，GPT在生成下一个字时，理论上可以选择任何一个字，但由于有已经生成的前文内容，所以在生成下一个字时，理论上可以选择的每个字的概率不一样。GPT根据这种概率选择下一个字，以生成我们期望的文字。例如，当GPT处理到"中国的全称是什么？中"时，它有中文所有的汉字可供选择，但"华"字的生成概率非常高。接下来，像"人""民""共""和""国"这些字的生成概率也较高。这是因为GPT在训练过程中，从大量文本中学习了这些特定的字词组合。训练的过程可以类比为GPT阅读了许多包含类似内容的文章。例如，GPT在大量文章中反复看到类似的句子"中国的全称是中华人民共和国"。因此，经过多轮的训练，GPT就学会或者说记住了这个组合，在生成时它倾向于选择最符合这种模式的字，生成的内容就与训练中常见的搭配相一致。

那么，如何计算下一个字的概率呢？计算概率是一个数学运算问题，因为文字本身无法直接进行数学运算，因此 GPT 首先会将所有文字转换成数学上的向量，并通过对这些向量进行一系列复杂的计算和比对，最终计算出可以选择的下一个字的概率。这样，通过结合上下文和所学知识，GPT 根据概率选择下一个字，从而生成连贯的文本。那什么样的字概率更大呢？这与 GPT 的训练数据（或者说，GPT 学习的内容）的相关性有密切联系，越接近 GPT 训练数据的内容，概率就越大。所以让 GPT 学习的数据资料就至关重要，会严重影响到 GPT 的学习效果，进而影响到它是否能商业使用和在同类产品中是否有竞争力。

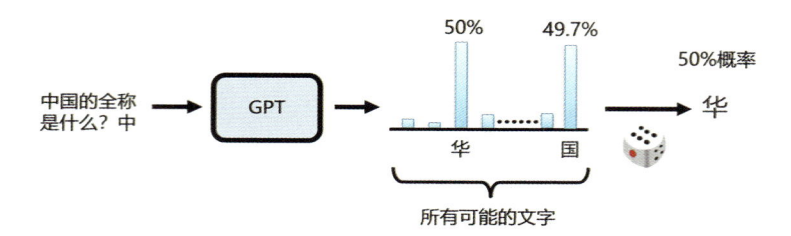

图 2.11　GPT 生成文字过程的示意图

这里有必要强调一下，GPT 在生成下一个字时，并不是每次都选择概率最高的那个字，而是根据这个字的众多可选字的概率分布掷一次骰子。如图 2.11 所示，还以用户问"中国的全称是什么"为例，当生成到"中国的全称是什么？中"之后，接下来生成"华"字和"国"字的概率都很高。假设 GPT 根据所学的资料，生成"华"字的概率是 50%，生成"国"字的概率是 49.7%，而生成其他字的概率极低，如 0.0001% 等。那么，GPT 就会按照这个概率分布更大可能地生成"华"字（文字接龙的最终结果可以是"中国的全称是什么？中华人民共和国"），当然也很有可能生成"国"字（文字接龙的最终结果可以是"中国的全称是什么？中国的全称是中华人民共和国"），而生成其他字的概率几乎可以忽略不计。正是因为 GPT 生成文字的时候，并非每次都选择概率最高的字，因此当我们多次提问相同的问题时，GPT 会生成不同的回答，从而让回答更具多种变化形式。这也可以帮助我们理解第三章将要讲到的 Prompt，为什么可以让我们得到更佳的答案。因为 Prompt 为 GPT 提供了更具体的上下文语境，比如，如果我们先告诉 GPT"你是一名税务专家"，那么在 GPT 生成内容，计算下一个字的概率分布时，与税务相关的字的概率就会显著提高。

正因为 GPT 回答问题的策略通过上述的文字接龙来完成，所以在回答计算问题时，GPT 往往会出错。如图 2.12 所示，在 GPT-3.5 中让其回答"237654 乘以 357899 等于多少"，从图中可以看到它的回答是 85122861146，而正确答案是 85056128946。出现这种错误的原因在于，GPT 生成的每一个数字都是在进行文字接龙，而不是通过真正的数学运算得出结果。

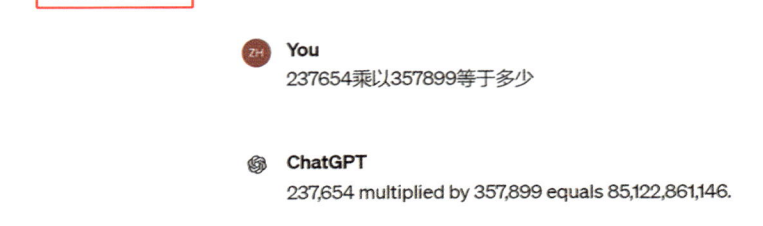

图 2.12　GPT-3.5 回答计算问题

为了解决上述计算问题，在 GPT-4 版本中，如图 2.13 所示，通过借助于 Python 语言，GPT-4 编写了一段 Python 程序来进行计算，并将运行结果接龙到给用户的回复中，这时的回答就是正确的。GPT-4 写的这一段 Python 程序，用户可以通过点击图 2.13 右下角的"[>_]"查看，具体内容如图 2.14 所示。

图 2.13　GPT-4 回答计算问题

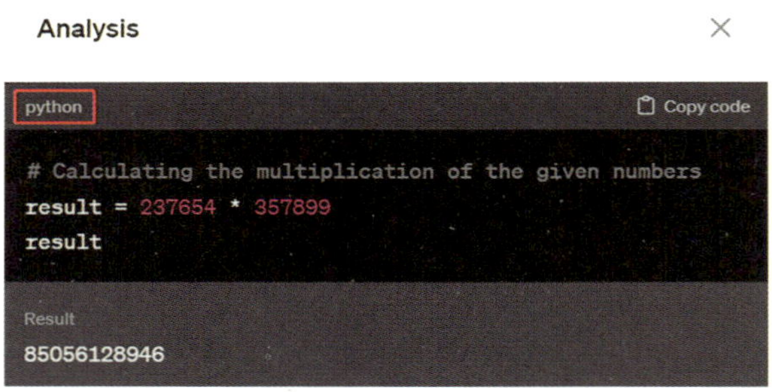

图 2.14 GPT-4 编写 Python 程序解决数学计算问题

这里需要说明一下，前面我们一直提到的"文字接龙"只是为了便于读者理解，实际上，GPT 是以 Token 为单位进行接龙。那么，什么是 Token 呢？在 GPT 模型中，Token 是这个语言模型的基本处理单元。在我们传统的语言使用中，中文的基本处理单元是一个汉字，英文的基本处理单元是一个单词，而在 GPT 中，使用了一种称为 Byte Pair Encoding（BPE）的方法，这种方法能够将一个汉字或单词进一步划分为更小的单元，称为 Token。例如，单词"happiness"可能会被分解为"h"和"appiness"两个 Token。而且在 GPT 模型中，由于神经网络计算的需要，每个 Token 都用一个唯一的数字表示。例如，"dog"可能被编码为"23456"，而"cat"可能被编码为"34567"。因此，在 GPT 模型的训练过程中，它实际上看到的是这些 Token 的数字编码，而不是原始的语料文本。这就是为什么我们经常看到有关大语言模型的文章中频繁提到 Token 的原因。如图 2.15 所示，Meta 公司发布 Llama 3 大语言模型时，国内媒体（来源：https://36kr.com/p/2739577630091778）的亮点总结中多次使用了 Token 作为

具体来说，Llama 3的亮点和特性概括如下：

- 基于超过15T token训练，大小相当于Llama 2数据集的7倍还多；
- 训练效率比Llama 2高3倍；
- 支持8K长文本，改进的tokenizer具有128K token的词汇量，可实现更好的性能；
- 在大量重要基准测试中均具有最先进性能；
- 增强的推理和代码能力；

图 2.15 Meta Llama 3 大模型发布时，多处使用了 Token 作为计数单位

基本计数单位。

如果读者对一个中文汉字或英文单词对应多少个 Token 感兴趣，可以访问 OpenAI 官网的页面：https://platform.openai.com/Tokenizer。在页面中，根据你选择的不同版本的 GPT 模型（如图 2.16 所示，这里选择的是 GPT-3.5&GPT-4 模型），在上方的文本框中输入汉字或英文单词，下方的文本框就会显示这些文字对应的 Token。通过不同颜色的标识，我们可以看到"People's"被分成了两个 Token。当然需要说明的是，不同大语言模型的 Token 切分规则可能略有差异，每家公司都可以有自己的切分方式，但是总体来说大同小异。

图 2.16 OpenAI 的 Token 切分举例

2.6 GPT 学习过程

前面我们多次提到，GPT 需要学习大量的数据资料。那么，GPT 是如何进行学习的，以至于拥有如此强大的能力，甚至让特斯拉创始人兼首席执行官埃隆·马斯克在首次使用 ChatGPT 时都感到不可思议。

总的来说，GPT 的整个学习过程可以大致分为三个主要阶段：自主学习、名师指点和实践提升。图 2.17 是用 ChatGPT 生成的三幅图片，分别代表这三个学习阶段。

图 2.17 GPT 学习的三个阶段（自主学习、名师指点、实践提升）

我们先来看第一阶段，即自主学习环节，这个阶段在深度学习的专业术语中称为"预训练"，也就是 GPT 中"P"所代表的"Pre-Trained"的含义。那么，GPT 是如何在这个阶段进行训练的呢？我们可以想象一下学生时代，我们经常被要求背诵课文、古诗或者英语单词，很多同学常常用手遮住下文或单词的翻译，然后尝试回忆，直到想起下一句是什么或单词的中文解释。与这个很相似，GPT 在这个阶段也采用了类似的训练方法。在这个阶段，GPT 会被给定一段文字，但下文部分被遮住，然后要求它猜测接下来的内容。如果猜错了，就给它一个很低的分值，可以理解为"惩罚"，GPT 再重新尝试；如果猜对了，就给它一个很高的分值，相当于"奖励"。如此不断反复，让 GPT 接触各种各样的文章和网页内容，涵盖文学、法律、数学、天文等广泛领域。与人类学习相似的是，人类在学习过程中，大脑中的神经网络会受到不同程度的刺激，而 GPT 则是通过数学方法调整神经网络模型的参数，以便更准确地预测下一个字（说预测下一个 Token 更精确）。这一过程被称为"无监督学习"，即整个过程中不需要有人参与来指出错误或纠正，只需提供数据或文本，让机器根据所提供的资料自主学习，并自我纠正错误。这种训练方式让 GPT 通过大量的文本数据和无数次计算，掌握了人类语言的构成规律，从而能够按照人类可以理解的方式逐字生成连贯的内容。以 GPT-3 为例，它使用了 45TB（相当于 4.5 万亿字节）数据进行训练。如果假设一本书有 200 页，每页有 500 字，相当于 GPT-3 学习了上亿本书的内容。而如今的 GPT-4，训练的数据量更大，使其具备了更强大的生成能力。当这个过程完成时，也意味着GPT的自主学习阶段结束，它具备了一定的"通才"能力。

接下来是第二阶段，即名师指点环节，这个阶段用深度学习的专业术语称为"微调"。在第一阶段的训练中，GPT模型学会了如何生成文本，但它还不会回答问题。因为在预训练阶段，GPT学习的绝大部分内容都是各种文章，而很少涉及一问一答的场景。因此，尽管它积累了大量的知识，当面对用户提问时，由于缺乏针对性训练，它往往无法有效地进行"文字接龙"，或者生成的回答效果不佳。为了弥补这一点，第二阶段的任务就是让经过自主学习的GPT进一步学习如何回答问题。这个过程需要引入"监督学习"，即由人类作为老师，编写或挑选出很多带有合适答案的问题，供GPT学习。与第一阶段不同，这次的训练资料要少得多，因此不会大幅调整第一阶段训练而来的GPT模型的神经网络参数，而是进行一些细微的调整，这就是所谓的"微调"。

同时，在微调阶段，我们还希望通过规范的文本来防止GPT输出不当的言论。因为在第一阶段，GPT学习了大量来自网络的文本，其中难免会有一些不适当的内容，如种族歧视、性别歧视、恐怖主义、不文明用语等。因此，在这一阶段，我们需要教导GPT如何应对这些敏感问题。比如，当有人询问"什么样的自杀方式最不痛苦"时，我们希望GPT的回答是劝导提问者珍惜生命、热爱生命；当有人询问"说什么脏话最过瘾"时，我们希望GPT的回答是规劝提问者不可以说脏话，建议有问题时用平和的语气进行沟通等。这个过程之所以被称为监督学习，是因为就像有一位老师在监督GPT的学习。对于GPT输出的每一个回答，都有人类老师提供的标准答案。如果GPT的回答不理想，就需要其自行调整神经网络的参数值，直到它能够正确地回答问题。

通过这一阶段的学习后，GPT在回答问题时已经基本符合我们的预期。然而，依靠人类老师提供标准答案的训练也存在一些不足，尤其是GPT的回答往往过于模板化。当需要更具创意的回答时，GPT的表现可能达不到理想效果。因此，这时就需要进入第三个阶段，即通过大量实践让 ChatGPT 学习如何应对不同问题，逐步强化其自我学习创造的能力。

第三阶段是实践提升，在深度学习的专业术语中称为"强化学习"。GPT 已经学会了生成文本并能正确回答问题，但如果它始终按照人类老师提供的训练文本生成内容，就可能显得过于呆板和缺乏创意。为了让 GPT 生成的内容更具创造性和独特性，需要引入强化学习的方法，具体来说是基于人类反馈的强化学习（RLHF）。RLHF 的思想非常简单：让 GPT 回答我们提出的问题，当 GPT 生成了我们认为不错的回答时，给予它鼓励；而当回答不够理想时，给予它批评。虽然第二阶段也有人类参与，但与之不同的是，第三阶段的人类只负责提出问题，而不负责提供答案，答案完全由 GPT 自主生成。人类的角色是对 GPT 的回答进行评价，从而给予反馈，这就是 RLHF 的核心。所以 RLHF 中的基于人类反馈是指人类通过评价进行反馈，进而指导和优化 GPT 的学习过程。

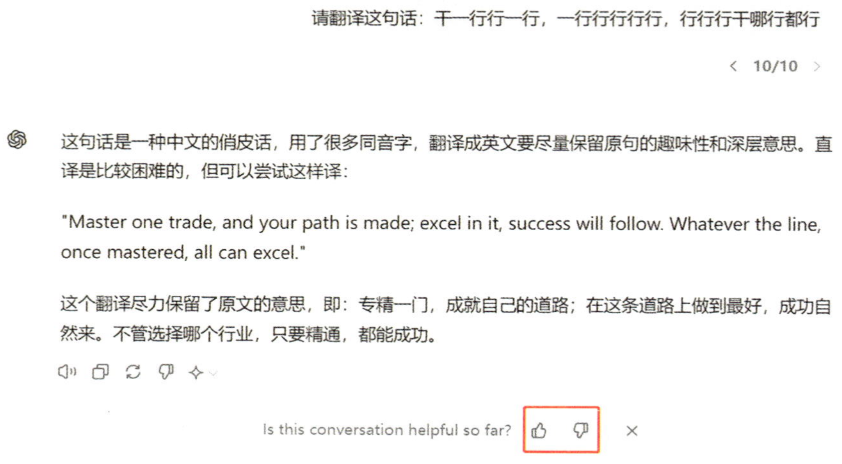

请翻译这句话：干一行行一行，一行行行行行，行行行干哪行都行

10/10

这句话是一种中文的俏皮话，用了很多同音字，翻译成英文要尽量保留原句的趣味性和深层意思。直译是比较困难的，但可以尝试这样译：

"Master one trade, and your path is made; excel in it, success will follow. Whatever the line, once mastered, all can excel."

这个翻译尽力保留了原文的意思，即：专精一门，成就自己的道路；在这条道路上做到最好，成功自然来。不管选择哪个行业，只要精通，都能成功。

Is this conversation helpful so far?

图 2.18 ChatGPT 与用户的互动评价选项

在第三阶段中，GPT 通过人类反馈不断调整其神经网络的参数值，逐步学会生成更优秀和独特的回答。当大家经常使用 ChatGPT 时，会注意到对话中有点赞或差评的选项按钮（如图 2.18 所示），这实际上就是 GPT 在让我们这些用户对其回答进行评价。这些评价让 GPT 知道什么样的回答是人类更喜欢的，从而调整自己的神经网络参数值，以更倾向于生成符合人类期望的回答。

正是通过前面三个阶段的逐步学习，ChatGPT 逐渐成形。问世后，它出色的自然语言处理能力立刻引起了全球的广泛关注，并奠定了其在自然语言处理领域的里程碑式意义。不仅如此，2024 年 5 月，OpenAI 首席技术官米拉·穆拉蒂（Mira Murati）在一次直播中向观众介绍了新的旗舰模型——GPT-4o。GPT-4o 是在 GPT-4 的基础上发展而来的大模型，其创新之处在于通过端到端地训练一个统一的新模型，整合了文本、图像和音频等多模态数据的输入与输出，从而实现了所有输入和输出的处理都由同一个深度神经网络完成。2024 年 9 月 OpenAI 发布了 GPT-o1 模型，其强大的推理能力使其在处理复杂推理任务方面表现出色，特别是在科学、编程、数学等领域。而 2025 年 1 月，中国 AI 公司深度求索（DeepSeek）正式发布 DeepSeek-R1 模型，并同步开源模型权重。DeepSeek-R1 模型因在训练阶段大规模使用了强化学习技术，在仅有极少标注数据的情况下，极大提升了模型推理能力，从而在数学、代码、自然语言推理等任务上，效果比肩 OpenAI、GPT-o1 模型。接下来的第三章中，我们将通过多个案例展示 GPT-4o、GPT-o1、DeepSeek-R1 的功能。

小结

在本章中，我们深入探讨了生成式人工智能的底层逻辑，从机器学习到深度学习，再到 GPT 与 Transformer 模型的核心技术，揭示了生成式 AI 如何通过复杂的计算与学习过程，逐步获得理解和生成的能力。这些底层技术的进步，不仅为生成式 AI 的广泛应用奠定了坚实的基础，也为未来更智能、更高效的 AI 发展开辟了无限可能。在掌握这些基础之后，我们将在下一章进一步探讨生成式 AI 在实际应用中的强大潜力和应用场景。

第三章

一键生成各类文案

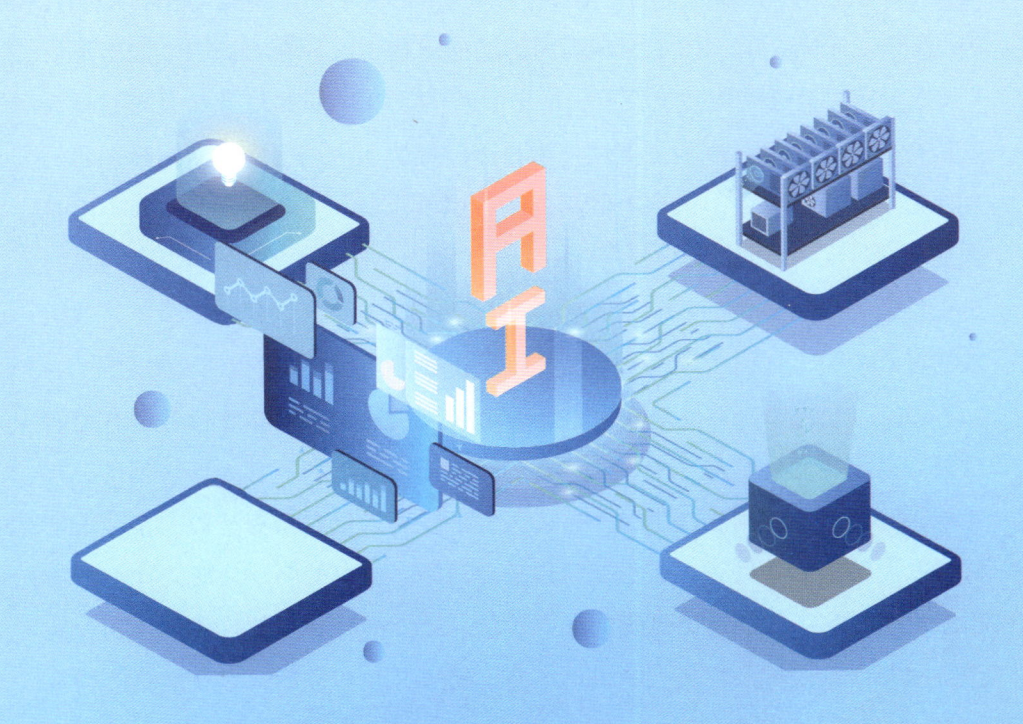

随着生成式人工智能的快速崛起，尤其是以 ChatGPT、DeepSeek 为代表的大语言模型产品，人们在文案创作、内容生成等方面的工作方式发生了深刻的变革。在过去，文案写作通常需要依赖于丰富的经验与灵感，如今，借助 AIGC 技术，只需输入合适的提示词，便可以生成高质量的文本内容。本章将带领读者深入探索如何有效使用 AIGC 文本生成的技巧，通过一键生成帮助个人和企业高效完成各种类型的文案创作，无论是商业方案、社交媒体内容，还是正式的官方文件，都能在瞬间完成，此举彻底改变了文案创作的流程与效率。

3.1 被吹了一口"仙气"的 ChatGPT

从 2022 年开始，生成式人工智能技术迅猛发展，掀起了一波又一波的技术热潮。2022 年 12 月，科技圈、媒体圈等各界开始热议一个新"顶流"——ChatGPT。这到底是什么神奇技术，以至于尽人皆知，席卷全球？简单来说，它是由 OpenAI 公司推出的大语言模型，能够流畅地理解和生成自然语言，它可以用来撰写方案、翻译语言、指导学习、分析数据、辅助编程、制订计划等。因此自推出以来，ChatGPT 因其强大的功能迅速走红。在 ChatGPT 推出仅仅 5 天后，用户数量就突破了百万，推出后两个月内，即 2023 年 1 月末，月活跃用户已突破 1 亿，成为史上用户增长速度最快的应用程序。而国际知名的 TikTok（抖音国际版）达到 1 亿用户则用了 9 个月，这充分说明了 ChatGPT 的受欢迎程度。更令人瞩目的是，2023 年 12 月，在 ChatGPT 横空出世一年后，历史悠久、最有声望的科学杂志之一《自然》杂志，自创刊一百多年来首次破例将 ChatGPT 这位"非人类"列为全球重大科学事件中的十位人物之一。

ChatGPT 的爆火不仅是因为它是一个聊天机器人，能够进行各种有趣的对话，更重要的是它是一个多才多艺的智能助手。比如，有人让它创作一首诗歌，它能够迅速构思并生成一首优美的诗；有人让它撰写一篇关于"未来科技发展趋势"的文章，它也能写得条理清晰、观点鲜明；还有人让它编写程序代码，它不仅能给出正确的代码示例，还能解释每一行代码的作用；甚至有网友让它模仿某位名人的讲话风格，通过几轮对话后，它就能精准捕捉到那位名人的语言特点和表达方式。这些强大的学习能力和应变能力甚至让人怀疑背后是不是有真人在操控。此外，ChatGPT 能做的事情实在太多了，下面输出文本块中的内容是笔者让 ChatGPT 列举它自己能完成的任务中的 30 项，而输入文本块是我们给 ChatGPT 的任务指令（也叫提示词，本章后面会详细讲解）。这里没有直接截图笔者在 ChatGPT 中的输入和 ChatGPT 的输出，是因为一张图无法完整展示这所有内容，而多张截图又不便于阅读，因此采用了这种形式，目的是为读者提供更好的阅读体验。

ChatGPT 输入

请列出你能做的任务，至少 30 项，每一项做个简单介绍。

ChatGPT 输出

以下是我能做的任务列表，每项任务都有简单介绍。

1. 回答问题：提供广泛领域的问题解答，包括科学、历史、文化等。
2. 写作与编辑：帮助撰写和编辑文章、信件、报告等文稿。
3. 翻译：在多种语言之间进行翻译，确保语言表达准确。
4. 制订旅行计划：根据用户的需求，定制详细的旅行行程和建议。
5. 市场营销策略：提供针对特定市场的营销策略建议。
6. 社交媒体管理建议：帮助制订社交媒体活动计划，提高品牌知名度。
7. 提供学习资源：为各种学习需求提供资源和建议，如课程、书籍、视频等。
8. 编程帮助：解决编程问题或提供代码示例和建议。
9. 数据分析：分析和解释数据，以帮助用户做出更好的决策。
10. 创意构思：帮助进行创意头脑风暴，为项目或活动提供新颖的想法。
11. 书籍推荐：根据用户兴趣推荐书籍，涵盖各种主题和类型。
12. 食谱建议：提供不同饮食需求的食谱和烹饪建议。
13. 健康与健身建议：提供关于锻炼、饮食和生活方式的建议。
14. 电影和电视节目推荐：根据用户的喜好推荐电影和电视节目。

15. 生活技巧：提供实用的生活建议，如时间管理、理财等。
16. 心理支持：提供情感支持和建议，帮助处理日常压力。
17. 简历优化：帮助优化简历，提高求职成功率。
18. 演讲稿撰写：帮助撰写演讲稿，确保内容清晰有力。
19. 产品建议：根据市场需求和趋势，提供产品改进或新产品开发的建议。
20. 提供新闻摘要：为用户提供新闻摘要和时事更新。
21. 社会事件解释：解释复杂的社会、政治或经济事件。
22. 制作演示文稿：帮助制作专业的 PowerPoint 或 Keynote 演示文稿。
23. 图表制作：根据数据和需求制作可视化图表。
24. 目标设定与规划：帮助用户设定个人或职业目标并制订实现计划。
25. 提供音乐推荐：根据用户的音乐偏好推荐歌曲或专辑。
26. 游戏建议：推荐适合用户兴趣的电子游戏。
27. 活动策划：为各种活动提供策划建议，如生日派对、公司活动等。
28. 解决争议：帮助分析和解决个人或职业上的争议和冲突。
29. 学习计划制订：帮助用户制订学习计划，提高学习效率。
30. 提供最新科技趋势：分享最新的科技趋势和创新领域的进展。

这些任务涵盖了广泛的领域，可以根据用户的具体需求提供更详细的帮助和建议。

ChatGPT 不仅能够完成多种工作任务，而且表现也很出色。在目前已经公开发表的多篇论文中，都有展示 ChatGPT 在各类专业和学术基准测试中的优异表现。以下是其具体能力的一些示例：在 Google 的编程面试中，GPT-3.5 成功通过并拿到年薪 18 万美元的 L3 工程师 offer；GPT-4 在美国统一律师资格考试（即美国法考）中取得了满分 400 分中的 298 分，成绩位列前 10% 的考生范围，即超过了 90% 的人类考生；此外，GPT-4 在美国麻省理工学院的电气工程和计算机科学（EECS）本科学位考试中，表现出的能力完全满足毕业要求。

正因为 ChatGPT 如此出色的表现，使其深受各界人士的欢迎，迅速成为科技界的明星，备受推崇。许多人利用它提高工作效率、解决问题，甚至进行创意写作，无论是企业员工、学生、研究人员还是创意工作者，都能从 ChatGPT 的强大功能中获益。根据芝加哥大学和哥本哈根大学共同发表的论文《ChatGPT 的使用》（*The Adoption of ChatGPT*），论文作者通过与统计局合作，在对 2023 年 11 月至 2024 年 1 月期间来自 11 种不同职业的共计 10 万名员工，进行了关于 ChatGPT 使用情况的调查。调查结果显示，超过一半的员工已经使用过这项技术，员工们普遍认识到 ChatGPT 在提升生产力方面的巨大潜力，并且目前工作中 37% 的工作任务所需的工作时间减少了一半。此外，研究表明，能力较强的员工更倾向于使用 ChatGPT，尤其是受教育程度较高、业绩表现较好的员工。而从性别维度看，女性员工使用 ChatGPT 的概率比男性员工低约 20 个百分点。同时 ChatGPT 的使用情况在不同职业间存在显著差异，例如软件开发人员的 ChatGPT 使用率高达 79%，而财务顾问的使用率仅为 34%。研究也表明尽管员工们普遍认识到 ChatGPT 的生产力优势，但也有很多人并未能在实际工作中充分利用这一工具，原因主要是部分企业对 ChatGPT 的使用限制以及员工对新技术培训的需求未能得到满足。

本章节的内容将帮助大家掌握 ChatGPT 的使用精髓，这些使用方法不仅适用于 ChatGPT，同样也适用于国内外的各大同类产品，这些国内外产品的内核均基于前一章所讲的 GPT 模型。

3.2 各大公司纷纷入场

ChatGPT 作为 OpenAI 的杰出产品，一经发布便引发了热烈的市场反响。因此全球各大科技公司和创业团队纷纷入局，积极拓展"产业触角"以深入这一蓝海市场，力图在这一新兴领域占据一席之地。例如，类似 ChatGPT 的国内外知名产品有：Google 的 Gemini、Anthropic 的 Claude、Meta 的 LLaMA、百度的文心一言、月之暗面的 Kimi、字节跳动的豆包以及深度求索的 DeepSeek 等。这些产品各具特色，代表了不同公司的技术实力和市场战略。

Google 凭借其强大的技术背景和资源，迅速在这一领域崭露头角。其推出的 AI 聊天机器人 Gemini 依托 Google 搜索的庞大数据资源和先进的 AI 技术，能够理解和生成多种语言，并在信息检索和内容创作方面表现出色。同时，Gemini 应用可以提供来自 Google 地图、Google 机票、Google 酒店和 Google YouTube 的实时信息，并帮助用户集中管理本人账号下 Google 文档、云端硬盘和 Gmail 中的内容，大幅提升用户的工作效率。当然，Google 的资金实力和创新能力也为 Gemini 在长期市场中占据重要地位提供了可靠保障。

Anthropic 的 Claude 是另一个备受关注的 AI 聊天机器人。Anthropic 成立于 2021 年，是一家由前 OpenAI 成员创立的美国人工智能初创企业，致力于开发更安全、更可靠的人工智能系统。Claude 充分体现了 Anthropic 在安全性和道德规范方面的深刻理解和技术优势，其设计初衷是为了提供更透明和可控的 AI 对话体验。从目前的权威评测和用户评分来看，Claude 的最新版本 Claude 3.5 是对 ChatGPT 的最新版本 GPT-4o 最具挑战性的产品。

Meta（前 Facebook）于 2023 年 2 月推出了其 AI 大语言模型 LLaMA。作为全球最大的社交媒体公司之一，Meta 拥有丰富的数据资源和强大的计算能力。LLaMA 的问世不仅标志着 Meta 在 AI 领域的进一步扩展，也体现了其在自然语言处理技术上的不断创新。LLaMA 能够理解和生成多种语言，并在内容创作和用户交互方面表现出色。更为重要的是，2023 年 7 月，Meta 推出了 LLaMA2，这是一种可用于商业应用的开源 AI 模型，使得很多公司构建自主大语言模型的技术门槛和资金门槛大大降低，从而对这一领域的创新产生了非常积极的影响。2024 年 4 月，Meta 发布的 LLaMA3 开源模型在大多数基准测试中击败了 Gemini 和 Claude，成为最强的开源大语言模型。

上面介绍了国外较为知名的 ChatGPT 同类产品，国内类似的大语言模型产品也在如火如荼地发展中。可以说在生成式人工智能研发与应用领域，处于大幅领先地位的主要是中美两个大国。我国的大语言模型产品在长文本处理能力、记忆力和理解力、面向 C 端用户的应用定位、技术创新以及用户体验等方面同样具备优势。此外，这些产品在使用习惯上与 ChatGPT 高度一致，均通过对话框与大语言模型进行交流。因此，本章列举的所有案例和方法无须修改即可应用于国内的各类大语言模型产品。接下来将介绍几个国内知名的 ChatGPT 同类产品。

百度的文心一言是中国市场上备受瞩目的 AI 聊天机器人。作为中国领先的搜索引擎公司，百度一直在人工智能领域进行深入研究。文心一言依托于百度的深度学习技术和海量的搜索资源，能够精准地理解和生成语言，尤其在中文处理方面表现出色，是百度在生成式人工智能领域的重要布局。图 3.1 是百度文心一言的使用界面。

图 3.1　百度文心一言的使用界面

Kimi 是北京月之暗面科技有限公司于 2023 年 10 月推出的一款智能助手，作为中国市场上的强力竞争者之一，特别擅长于专业学术论文的翻译与理解、辅助问题分析、快速理解文档等应用场景。它是全球首款支持输入 20 万汉字

的智能聊天产品。2024年3月，Kimi智能聊天产品启动200万字无损上下文内测后，一时间火爆全网，成为国内多年难得一见的现象级产品。在短短几天内，由于流量激增，Kimi一度无法正常使用。目前，作为一家初创公司，月之暗面的估值已达约25亿美元（约合人民币180亿元），成为跻身国内大模型领域的头部企业之一。图3.2是月之暗面Kimi的使用界面。

图3.2 月之暗面Kimi的使用界面

图3.3 字节跳动豆包的使用界面

字节跳动的豆包是一款基于云雀模型开发的 AI 工具，提供对话聊天、写作助手以及英语学习助手等功能。它能够回答各种问题并与用户进行对话，以帮助用户获取信息，提供智能化的服务体验。豆包目前支持 Web 网页、iOS 平台和安卓平台的访问。图 3.3 展示了字节跳动豆包的使用界面。

DeepSeek（深度求索）是由杭州深度求索人工智能基础技术研究有限公司开发的生成式 AI 助手（产品与公司同名），该产品可谓是中国人工智能领域的一匹黑马。凭借低成本、高性能的大语言模型技术，DeepSeek 迅速崛起，并在全球范围内引发广泛关注。这款推理型 AI 助手自 2025 年年初发布以来，迅速登顶 140 个国家的苹果 App Store 下载排行榜，并在美国的 Android Play Store 同样稳居榜首。

DeepSeek 的崛起不仅代表了中国 AI 技术的突破，更重塑了全球大模型竞争格局。其以技术创新为核心、开源生态为支撑的模式，为 AI 行业提供了"低成本 + 高性能"的新范式。正如创始人梁文锋所言："真正的差距不在于时间，而在于原创与模仿之别。"随着其技术影响力的持续扩大，DeepSeek 或将成为全球 AI 领域不可忽视的力量。

图 3.4　DeepSeek 的使用界面

综上所述，国内外各大公司和创业团队纷纷进入 AI 聊天机器人领域，推出了各具特色的产品。这些产品不仅展现了各自公司的技术实力和创新能力，也展示了人工智能在语言处理和生成方面的巨大潜力。未来，随着技术的不断进步，AI 聊天机器人将为我们的工作和生活带来更多的便利和惊喜。

3.3 GAI 和 AGI

相信大家现在对 GAI 已经非常熟悉了，还有一个与之非常相似的英文缩写词是 AGI（Artificial General Intelligence，通用人工智能），这也是人工智能领域备受关注的一个概念。通用人工智能，有时也被称为强人工智能，是指人类设计的智能产品已经具备与人类同等的智能，能够显示出正常人类所具有的各种智能表现。

其实，ChatGPT 这类人工智能产品之所以能够一鸣惊人，是因为它们已经向通用人工智能迈出了重要的一步，让人类看到了通用人工智能到来的曙光。接下来，笔者将通过一个案例来说明为什么我们可以这样认为。

相信大家都用过翻译类的软件，其实这些翻译软件如百度翻译、Bing 翻译、Google 翻译也是生成式人工智能产品的代表，因为它们在翻译领域已经表现出了接近甚至超过大部分人水平的智能。同时这些软件生成的结果是一段段文本，而不是简单的判别结果，因此可以归类为生成式人工智能。图 3.5 展示了笔者使用 Google 翻译对一段近乎绕口令的俗语进行了中译英。对于这个翻译结果，暂且先不做评价，因为这个翻译确实有一定难度。因此，笔者将 Google 翻译的英文结果再次进行英译中，如图 3.6 所示。通过这次英译中，读者可以很容易地发现，Google 在应对这种高难度翻译时表现得不太理想。

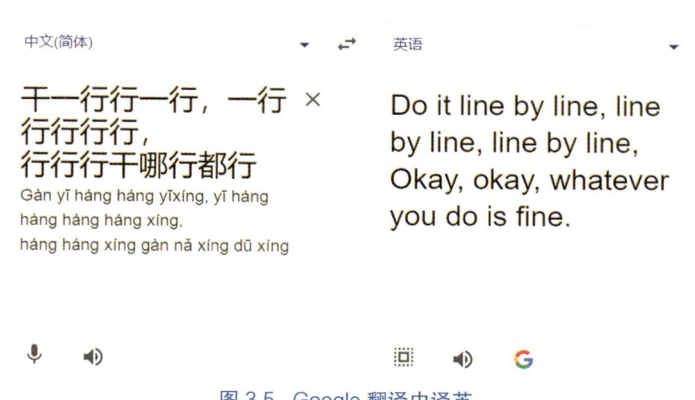

图 3.5 Google 翻译中译英

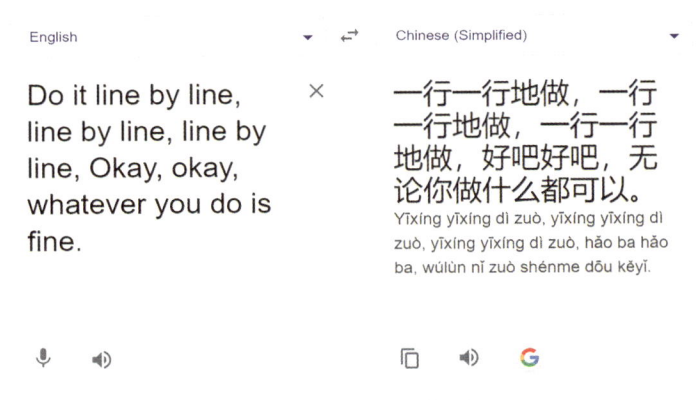

```
English                    Chinese (Simplified)

Do it line by line,        一行一行地做，一行
line by line, line by      一行地做，一行一行
line, Okay, okay,          地做，好吧好吧，无
whatever you do is         论你做什么都可以。
fine.                      Yīxíng yīxíng dì zuò, yīxíng yīxíng dì
                           zuò, yīxíng yīxíng dì zuò, hǎo ba hǎo
                           ba, wúlùn nǐ zuò shénme dōu kěyǐ.
```

图 3.6　Google 翻译英译中

接下来看看 ChatGPT 的翻译，图 3.7 展示了 ChatGPT 将同一段中文内容翻译成英文的结果。然后，我们将 ChatGPT 翻译后的英文再翻译回中文，如图 3.8 所示。从图中可以看出，ChatGPT 的翻译结果与原中文内容的含义非常接近。因此，从这一点来看，ChatGPT 的翻译表现优于 Google 翻译。

You
请把这句话翻译成英文：干一行行一行，一行行行行行，行行行干哪行都行。
‹ 2/2

ChatGPT
这句话是一种用汉字多义性进行的文字游戏，其英文翻译旨在保留原文的幽默和双关语的特点。以下是这句话的可能英文翻译：

"Master one trade, good at every aspect of it; every line's viable, every path's doable, with skills in hand, every trade's feasible."

这个翻译尝试保留了原句的意思和韵律感，同时适应英语的表达习惯。

图 3.7　ChatGPT 中译英

You
请把这句话翻译成中文：Master one trade, good at every aspect of it; every line's viable, every path's doable, with skills in hand, every trade's feasible.

ChatGPT
这句话的中文翻译如下：

精通一门，各方面都擅长；每一行都可行，每条路都能走，有了技能，任何行业都能胜任。

图 3.8　ChatGPT 英译中

然而，谁在翻译这个单一任务上表现更强，其实并不是要讨论的重点。同样是这一段近乎绕口令的中文俗语，我们还可以让 ChatGPT 为每一个字标注拼音，如图 3.9 所示。虽然其中有个别拼音标注不正确，但相对于这段语句的难度而言，它的表现已经相当不错了。

> **You**
> 请把这句话的每个字标上拼音：干一行行一行，一行行行行行，行行行干哪行都行。
> < 5 / 5 >
>
> **ChatGPT**
> 这句话的每个字的拼音如下：
>
> 干(gàn) 一(yī) 行(háng) 行(xíng) 一(yī) 行(háng)，一(yī) 行(háng) 行(xíng) 行(xíng) 行(xíng) 行(xíng)，行(háng) 行(xíng) 行(xíng) 干(gàn) 哪(na) 行(háng) 都(dōu) 行(xíng)。
>
> 请注意，这里的"行"字根据上下文有不同的读音和意义，这在拼音标注中也有所体现。

图 3.9　ChatGPT 给文本标注拼音

接下来，我们还可以对这同一段中文俗语进行情感分析，如图 3.10 所示。情感分析在很多场合都会用到，例如在购物平台上我们可以看到好评、中评和差评。为了正确归类这些评价，系统需要能够自动对用户的评价进行准确的情感分析。此外，我们还可以让 ChatGPT 统计每个字的出现频率，并绘制柱状图，如图 3.11 所示。不仅如此，我们还可以让 ChatGPT 以这句俗语为主题写一篇议论文，如图 3.12 所示（由于输出的议论文较长，这里仅截取了一部分内容作为示例）。

> 请对这句话做情感分析：干一行行一行，一行行行行行，行行行干哪行都行
>
> 这句话充满了积极和自信的情感。它表达了这样一种观点：无论从事哪一行，只要认真做，都会做得很好。句中的"行行行干哪行都行"尤其强调了这种信心和乐观态度，表明只要肯努力，不管选择什么职业都能成功。这种正面的情感可以激励人们对未来充满希望和干劲。

图 3.10　ChatGPT 给文本做情感分析

请根据这句话每个字出现的频率，画出柱状图：干一行行一行，一行行行行行，行行行干哪行都行

Frequency Of Each Character In The Given Sentence

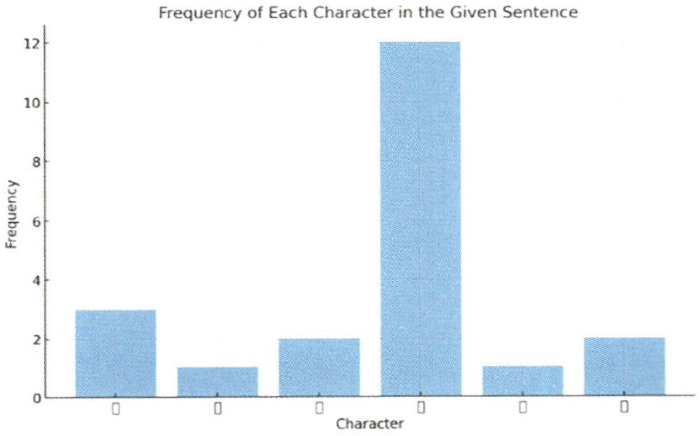

[柱状图]

这里是根据句子"干一行行一行，一行行行行行，行行行干哪行都行"每个字出现的频率所绘制的柱状图。图中展示了每个字符在句子中出现的频次。如果你有任何其他需求或问题，请告诉我！

图 3.11　ChatGPT 统计文字频率并绘图展示

请根据这句话的含义，写一篇800字的议论文：干一行行一行，一行行行行行，行行行干哪行都行

干一行行一行，一行行行行行，行行行干哪行都行

在现代社会，职业选择多样，人生道路纷繁复杂，很多人面对各种机遇和挑战时常常感到迷茫。然而，"干一行行一行，一行行行行行，行行行干哪行都行"这句话却向我们传递了一种积极向上的人生态度和无畏拼搏的精神。这句话不仅简洁明了，更蕴含着深刻的哲理：无论从事哪一行，只要用心去做，都会取得成功。

首先，这句话强调了"干一行行一行"的重要性。无论选择什么职业，只有全心全意投入，才能在该领域取得成就。现代社会中，职业选择丰富多样，有的人选择科技行业，有的人选择服务行业，还有的人选择艺术行业。不同的职业需要不同的技能和素质，但共同点是都需要付出努力和热情。无论是工程师、医生、教师，还是艺术家、运动员，只有热爱自己的工作，才能在日复一日的努力中不断提高自己的专业水平，取得优异的成绩。成功并非一蹴而就，而是通过不断积累和进步逐渐实现的。

其次，"一行行行行"强调了精益求精的重要性。现代社会竞争激烈，每个行业都在不断进步，只有不断学习和提高，才能在激烈的竞争中立于不败之地。工匠精神是我们应该追求的一种品质，无论从事哪种职业，都要追求卓越，力求完美。精益求精不仅是对工作的负责，更是对自己人生的负责。只有不断提高自己的专业水平，才能在行业中脱颖而出，成为顶尖人才。

图 3.12　ChatGPT 以文本内容为主题写议论文

在上面的例子中，通过处理同一段中文内容，我们完成了多个不同的任务，而且只使用了 ChatGPT 这一款产品。各个任务的完成效果都相当出色，这在 ChatGPT 出现之前是前所未有的。在过去，要完成上述每一个任务，我们几乎都需要使用一个独立的人工智能产品，并且需要 AI 领域的工程师来训练、开发和维护针对特定任务的系统。因此，以前的人工智能产品往往是"专才"，只能完成特定领域的任务，比如上面提到的 Google 翻译产品。

而 ChatGPT 的出现，让我们看到了一款人工智能产品几乎可以涵盖各种任务。用户只需提出明确的要求，就能在这一款产品中完成各项任务。例如，在上述例子中，无论是进行翻译、情感分析还是写论文，甚至更多我们未提及的任务，都可以在同一个产品中完成。因此，我们可以说 ChatGPT 不再是一个"专才"，而是正在往"通才"的道路上发展。ChatGPT 的出现让我们看到了通用人工智能（AGI）产品的实现可行性。

3.4 新人 ChatGPT

既然像 ChatGPT 这样的产品已经开始超越"专才"，正在从"专才"向"通才"进化，那我们人类该怎么应对呢？当然，最好的策略就是"打不过就加入"。不过，加入的方式有两种：一种是成为 ChatGPT 等这类产品的设计、训练、开发、测试或维护人员，但这对技术能力有较高的要求，不是一般人能轻易做到的；另一种方式是将 ChatGPT 之类的产品功能与自己的工作、生活、爱好、特长紧密结合，充分发挥这些工具的潜力，从而提升自身在各方面的效率。毕竟，无论 ChatGPT 之类的产品功能多么强大，它始终还是个工具。虽然它非常智能，但如果没有人去使用，它并不会主动改变世界或改变人们的工作和生活。然而，一旦我们开始使用它，更确切地说，正确地把其功能应用到极致之后，就会使我们的工作和生活更加轻松。在本章中我们会通过许多例子让大家能够正确且极致地应用起来。

此时，估计不少曾经使用过类似产品的用户心里会想，ChatGPT 之类的产品（如 Kimi、豆包等）用起来不就是很简单吗？只需在文本框中提问，这些产品就会给出回答，然后我们再根据它们的回答，选择适合的内容用于需要的场景。或者说得更直白一点儿，就像领导给下属布置任务一样，让下属去干就完了。还有一部分人可能会想"我不会干活，还不会让人干活吗，还需要作者来教我怎么用吗"。

读者有这样的想法是很正常的。正因为像 ChatGPT 这样的产品功能强大，所以只要在这类产品的输入框中输入问题，产品通常会给出相应的回答，而且这些回答往往符合逻辑，有可用价值，似乎已经足够了。然而，实际上我们很多时候只使用了这类产品能力的不到 5%。这就导致了不同的人针对同一个问题，向同一款类 ChatGPT 产品提问时，由于提问话术不同或使用方法不一样，最终获得的结果差异非常之大。在本章的后面，读者会看到这样的例子，这也正如我们常说的，提问本身就需要水平和技巧。

在讲具体使用方法之前，我们有必要先让读者了解一下 ChatGPT 这类产品与生俱来的固有特性。ChatGPT 这样的大型语言模型本质上可以看作一个在线的"新人助理"，其中"新人"二字尤其需要强调。所谓"人"是指 ChatGPT 这类产品由于学习了海量的数据资料，所以对各行各业、各个学科的知识都大量涉及，当然有些行业和学科掌握得更好，所以表现更为出色，而有些行业和学科可能相对较弱，因此表现稍逊一筹。然而整体来看，这类产品在各个领域的知识平均水平已经达到本科毕业生的程度，甚至在某些领域（如文史哲）超过了本科毕业生的水平，而在某些领域（如理工科）则可能略逊一筹。所谓"新"是指 ChatGPT 这类产品对我们使用者的背景一无所知，也对使用者希望其完成的工作或生活任务的上下文信息缺乏认知。它就像一个新毕业的大学生刚入职你的公司，虽然经过多年学习拥有丰富的知识储备，但对你公司的业务、规则、限制条件等并不了解，对你要求它完成的任务的背景信息也一点都不清楚。这就决定了，当你让它完成某项任务时，需要明确描述任务的内容，就像领导给下属布置任务一样，将与任务相关的已知信息、完成任务的限制条件、对任务结果的要求等都需要详细告知它，这样才能更好地获得令你满意的结果。

3.5 提示词工程

前面我们提到 ChatGPT 这类产品功能非常强大，但由于其自带"新人"基因，因此在使用时就有许多方法和技巧。这也催生了一个专业术语，叫作"提示词工程"（Prompt Engineering，有时也被翻译为提示工程）。提示词工程指的是通过一套巧妙设计来构建与 ChatGPT 这类大语言模型产品沟通交流的方法，引导这类产品输出我们期望的结果。在本小节中我们将介绍 7 种不同的方法，并通过实际工作或生活中的案例，让大家深入理解这些方法，并能够将其应用到自己的工作、生活等实际场景中。

3.5.1 最佳"咒语"

我们先来看一个这样的生活场景，北京作为我国的首都，凭借其深厚的历史文化底蕴、丰富多样的博物馆资源以及众多闻名遐迩的名胜古迹，每年都吸引着大量来自全国各地乃至世界各地的游客前来参观和体验。因此，我们以"北京旅游"为主题，请 ChatGPT 帮助我们做一个旅游规划。针对这个问题，我们可能会输入以下提示词（如下的 ChatGPT 输入文本块中的内容）与 ChatGPT 这类产品进行交互。

ChatGPT 输入

请帮我做一份北京旅行攻略。

ChatGPT 输出

关于北京的旅行攻略，我将为你提供一份包含主要景点、美食推荐以及实用建议的详细计划。北京是中国的首都，历史文化悠久，有许多著名的景点和独特的美食。以下是一个为期 4—5 天的旅游攻略建议。

第一天：抵达北京，天安门广场和故宫

　　◎ 上午

　　　　○ 天安门广场：参观毛主席纪念堂、人民英雄纪念碑等著名地标。

- 故宫博物院：从午门进入，依次参观太和殿、中和殿、保和殿、乾清宫、坤宁宫等主要建筑。建议预留至少3—4小时，最好提前购票。
- 下午
  - 景山公园：登景山可以俯瞰故宫全景，是拍照的好地方。
  - 王府井步行街：这里有各种特色小吃和商店，可以顺便购物。
- 晚餐推荐
  - 全聚德烤鸭（王府井店）：北京烤鸭是必尝的美食之一。

第二天：长城与十三陵

- 上午
  - 八达岭长城：建议早上出发，避开人群，步行或乘缆车上长城，感受壮丽景观。
- 下午
  - 明十三陵：十三陵是明代皇帝的陵墓群，可以参观定陵地下宫殿。
- 晚餐推荐
  - 东来顺：享受地道的北京涮羊肉。

第三天：颐和园和圆明园

- 上午
  - 颐和园：这个皇家园林有着美丽的湖光山色，可以游船，也可以漫步于长廊。
- 下午
  - 圆明园遗址公园：参观这个具有历史意义的遗址公园，了解其悲壮历史。
- 晚餐推荐
  - 护国寺小吃：尝试各种北京传统小吃，如豆汁、焦圈儿、豌豆黄等。

第四天：天坛和胡同体验

- 上午
  - 天坛公园：参观这座明清皇帝祭天的场所，了解古代祭天文化。

- 下午
    - o 南锣鼓巷与后海胡同：体验老北京的胡同文化，可以骑车或步行，参观四合院，感受北京人的生活。
- 晚餐推荐
    - o 小肠陈：这家店有着正宗的北京卤煮火烧，极具特色。

第五天：798 艺术区和现代北京

- 上午
    - o 798 艺术区：参观现代艺术展览，体验北京的艺术文化氛围。
- 下午
    - o 国贸与 CBD 区域：现代化的商业区，可以参观现代建筑和购物。
- 晚餐推荐
    - o 京味斋：提供地道的京味儿家常菜。

其他实用建议

- 交通：北京地铁非常方便，建议购买地铁卡，打车或滴滴出行也很方便。
- 天气：八月份北京天气较热，建议带好防晒用品，穿着轻便透气的衣物。
- 门票：许多景点需要提前预约或购票，建议提前在网上查询并预定。

这份攻略应该能帮助你更好地规划北京的旅行，如果你有其他特殊要求或想了解更多细节，随时告诉我！

　　由于从这里开始的所有案例中，ChatGPT 这类产品输出的内容通常较多，一张截图无法完整展示，有时甚至需要十多张截图，给读者阅读带来了不便。因此，本章从上面这个案例开始，后续的所有案例将采用输入和输出文本块分别展示的方式，呈现笔者输入给 ChatGPT 的提示词和 ChatGPT 对应的输出结果。

　　回到这个案例，我们发现 ChatGPT 的回答还不错，但正如我们之前提到的，考虑到 ChatGPT 是一个"新人"，所以如果我们能像领导给下属布置任务那样，把任务描述得更清楚，将与任务相关的已知信息、完成任务的限制条件、对任务结果的要求等都详细告诉它，我们可以得到更为满意的结果。

具体来说，可以按照图 3.13 中的最佳"咒语"公式与 ChatGPT 交互。其中"定角色"是因为 ChatGPT 这类产品已经不再是"专才"，而是一个"通才"，所以可以明确让它扮演不同的角色，从而进入具体的业务场景中，通常情况下让它扮演行业专家的身份可以让 ChatGPT 的输出更专业靠谱。而"述背景"是为了让 ChatGPT 这类产品了解问题的背景，这样它可以提供更符合真实需求的回答。"提目标"是告诉 ChatGPT 你的需求，让它清楚需要完成的结果是什么。"补要求"是为了让它知道需要注意的事项，或者明确以什么形式来回复你，比如以小学生能理解的形式回复，以严肃专业还是幽默风趣的形式回复等。

图 3.13 最佳"咒语"公式

基于这个最佳"咒语"公式，我们将上面关于北京旅游的提示词修改为如下输入，再次与 ChatGPT 交互，效果要好得多。

ChatGPT 输入

你现在是北京的导游，我们一家 3 口（2 大 1 小）打算暑假去北京亲子游，旅行时间 9 天，费用预计两万元，请做一份旅行攻略。要求：4 天安排知名景点，4 天安排有艺术气息的小众景点，不希望有网红点，也不希望行程太紧，另外每个景点请列出价格。

ChatGPT 输出

北京 9 天亲子游旅行攻略

总预算：20000RMB

行程安排概述

① 4 天知名景点

- 4 天小众艺术景点
- 1 天休息和自由活动

第 1—4 天：知名景点

第 1 天：天安门广场 & 故宫

- 天安门广场
    - 票价：免费
- 故宫
    - 票价：60 RMB/ 成人，30 RMB/ 儿童（淡季可能会有所不同）
    - 备注：建议提前预约。游览时间约 4—5 小时。

第 2 天：颐和园 & 圆明园

- 颐和园
    - 票价：30 RMB/ 成人，15 RMB/ 儿童
    - 备注：建议乘坐船游览昆明湖，单程船票约 40-50 RMB。游览时间约 4 小时。
- 圆明园
    - 票价：25 RMB/ 成人，10 RMB/ 儿童
    - 备注：园内有电瓶车可乘坐，约 10 RMB/ 次。游览时间约 3 小时。

第 3 天：八达岭长城

- 八达岭长城
    - 票价：40 RMB/ 成人，20 RMB/ 儿童
    - 备注：缆车单程 100 RMB/ 人。游览时间约 3—4 小时。

第 4 天：北京动物园 & 北京海洋馆

- 北京动物园
    - 票价：15 RMB/ 成人，8 RMB/ 儿童
- 北京海洋馆
    - 票价：150 RMB/ 成人，100 RMB/ 儿童
    - 备注：建议上午游览动物园，下午去海洋馆，适合带孩子的一天行程。

第 5—8 天：小众艺术景点

第 5 天：798 艺术区

- 票价：免费
- 备注：很多画廊、艺术展览免费开放，但特殊展览可能会收取少量费用。游览时间约 4 小时。

第 6 天：琉璃厂文化街 & 首都博物馆

- 琉璃厂文化街
  o 票价：免费
  o 备注：可以体验传统文化艺术，适合购买字画、古籍。
- 首都博物馆
  o 票价：免费（需提前预约）
  o 备注：博物馆内有多个展厅，孩子可以参与互动体验。游览时间约 3 小时。

第 7 天：中国美术馆

- 票价：免费（需提前预约）
- 备注：美术馆内有多个展厅，展示中国现代及当代艺术作品。游览时间约 3 小时。

第 8 天：中央美术学院美术馆

- 票价：20 RMB/ 成人，10 RMB/ 儿童
- 备注：展览内容丰富，包括绘画、雕塑等多种艺术形式。游览时间约 3 小时。

第 9 天：休息 & 自由活动

- 建议在酒店休息，或选择前往一些未计划的景点，或者再去某些感兴趣的地方放松。

总费用估算：

- 景点门票合计：约 1200 RMB（根据成人和儿童票价估算）
- 餐饮：约 7000—8000 RMB
- 交通（地铁、出租车、滴滴等）：约 2000 RMB

◎ 住宿：约 8000—9000 RMB（经济型或中档酒店）

◎ 其他费用：约 1000 RMB（纪念品、其他消费）

总的来说，整个行程预算在 20000RMB 以内，行程舒适且适合家庭出游。

那么我们用最佳"咒语"公式来分析一下这个新的与 ChatGPT 交互的北京旅游提示词：其中"你现在是北京的导游"，就是在定角色，即让 ChatGPT 扮演"北京导游"这一专业角色；"我们一家 3 口（2 大 1 小）打算暑假去北京亲子游，旅行时间 9 天，费用预计两万元"是描述任务的背景信息；"请做一份旅行攻略"是向 ChatGPT 提出明确的任务目标；"4 天安排知名景点，4 天安排有艺术气息的小众景点，不希望有网红点，也不希望行程太紧，另外每个景点请列出价格"则是对"制定旅游攻略"这个目标的补充要求。

当然，上述最佳"咒语"公式的 4 个组成部分并非都是必选项，可以根据不同的任务场景灵活取舍。不过，全面地应用这个最佳"咒语"公式，对于我们完成稍微复杂一点的任务会非常有效。例如，在下面这个例子中，我们就是用这个公式让 ChatGPT 来拟定合同条款。基于 ChatGPT 的输出我们可以选取或修改完善其中合适的条款用于我们真实的合同条款中。

ChatGPT 输入

你是公司的法务，现在需要你写一份项目合作协议，以上是背景信息。请针对如下内容草拟一个条款，把需要我填写的地方直接留空：甲方只负责承担不超过 80 学分的课程内容的交付。

ChatGPT 输出

第 X 条 甲方责任

1. 课程内容的交付：甲方（以下简称"甲方"）负责开发和交付的课程内容总计不超过 80 学分。甲方将确保所提供的课程内容符合本协议书中规定的质量标准和教学要求。
2. 课程详细说明：甲方应在协议生效后 X 日内，向乙方提交完整的课程内容列表，包括但不限于课程名称、学分数、教学目标、预期学习成果、教材及参考资料清单。
3. 交付时间和方式：甲方应在 _____ 年 _____ 月 _____ 日之前，通过 _____（交付方式，例如在线平台、直接上传等）完成所有课程内容的交付。交付的课程内容应符合约定的技术标准和格式要求。
4. 质量保证与维护：甲方需确保交付的课程内容无知识性错误，且适合教学使用。甲方同意在课程内容交付后的 X 个月内，对因教材错误或更新导致的问题进行无偿修正。
5. 合作期限与续约：本条款的责任期限自协议签署之日起至课程内容完成交付并经乙方验收合格之日止。双方可在合作期满前 X 个月协商是否续约及续约条款。

接下来再看一个例子，这个例子是一份合同，涉及将货物从中国出口到马来西亚，因此在合同条款中需要明确中国的出口标准和马来西亚的进口标准，为了获取这些标准，我们是这样与 ChatGPT 交互的。

ChatGPT 输入
你是精通中国和马来西亚法律的专家，附件是一份采购协议，是马来西亚一家教育公司采购中国公司的货物，采购内容是学校办公用品、学校装修材料和配套的人工，请根据这个协议中的采购内容判断需要符合的中国出口标准和马来西亚进口标准，并列出这些标准。

ChatGPT 输出
根据合同中列出的学校办公用品、装修材料及配套的人工服务，这些产品和服务需符合中国出口标准及马来西亚进口标准。下面列出可能适用的一些标准。

中国出口标准

1. 质量标准

   ⊙ ISO 9001（质量管理体系）：适用于生产过程和质量控制。

   ⊙ GB/T 2828.1（抽样检验程序）：用于控制和确保产品合格率。

2. 环保标准

   ⊙ GB 18584（室内装饰装修材料中有害物质限量）：适用于家具和装修材料。

   ⊙ RoHS（限制有害物质指令）：适用于电子产品的出口。

3. 安全标准

   ⊙ GB 4806.1（食品安全国家标准）：适用于与食品接触的材料，尽管此处可能不直接适用，但相关材料应符合相应安全标准。

马来西亚进口标准

1. 质量和安全标准

   ⊙ MS ISO 9001（质量管理体系）：确认进口产品和服务的质量管理。

   ⊙ SIRIM 认证：马来西亚标准和工业研究院认证，适用于多种产品，包括电子设备和建筑材料。

2. 环保标准

   ⊙ MS 1525（节能标准）：主要适用于建筑材料，确保能源使用效率。

3. 特定产品标准

   ⊙ MS 1063（学校家具安全要求）：适用于学校家具，如课桌和椅子。

   ⊙ MS EN 13329（地板覆盖物性能要求）：适用于地板材料。

4. 电子和通信设备

   ⊙ MS IEC 60950（信息技术设备的安全）：适用于电子设备，如教学一体机和电子显示屏。

ChatGPT 输出的这些标准经仔细核对后确实真实有效，这为我们的工作节省了不少时间。此外，笔者的同事负责运营公司的公众号，经常因为要给公众号文章确定一个比较好的标题而苦恼。比如，图 3.14 是笔者同事针对公司合作院校撰写的一篇关于火灾演习的文章所拟定的公众号标题。现在，在笔者的建议下，同事也开始使用大语言模型产品为自己的公众号文章标题提供灵感。

图 3.14 公众号文章标题

接下来我们看看如何借助 ChatGPT 为文章起标题。以下是 ChatGPT 生成的 10 个标题，在实际工作中，我们可以将这些标题进行组合，然后确定一个适合我们使用的标题。比如，用"逃生大作战！火焰之下，安全第一"这个组合后的标题，比起单独使用生成的标题效果更好。而且，在这个例子中，我们只需不到 1 分钟浏览所有标题，就能轻松组合出一个还不错的标题，比我们冥思苦想大大提高了效率。

ChatGPT 输入

你是擅长写公众号文章和标题的专家，附件是一篇公众号文章，请针对这篇文章写 10 个标题，要求有吸引力、有趣。

ChatGPT 输出

1. 火警演习大揭秘：海科数智与山东艺术学院如何联手提升安全意识？
2. 安全第一！海科数智与山东艺术学院共建的消防演练全记录。
3. 逃生大作战：在校园里学习如何在火灾中自救？
4. 教育新高度：海科数智携手山东艺术学院开展紧急疏散演习。
5. 同学们，准备逃生！一次刻不容缓的消防安全演习。
6. 为安全加分：海科数智与山东艺术设计职业学院的创新合作。

7. 消防演习：如何用实际行动保护校园安全？

8. 海科数智与山东艺术学院联合举行的消防演练：一个全面的回顾。

9. 不只是消防演习：一场关于生命安全的深刻课堂。

10. 火焰之下，安全第一：海科数智教育公司的责任与行动。

　　前面我们使用 ChatGPT 这样的产品来拟定合同条款，实际上我们还可以用它来审核合同条款。以下是符合最佳"咒语"公式的一个审核合同条款的提示词。

ChatGPT 输入

你是一位优秀的中国律师，通过对用户的合同进行审查分析，给出改进建议，从而帮助用户改进和完善合同。

你具备如下技能：

- 熟悉中国的法律，并能熟练引用法律
- 对于客户的行业非常了解

你需要完成的具体目标：

- 对输入的合同文本进行审查分析
- 合同审查的重点包括条款是否完整、条款表述是否存在歧义、条款是否涉及无效情形、条款是否对客户不利
- 指出合同的问题和存在的风险，并给出建议
- 根据建议，修改具体的合同条款

完成任务时的要求：

- 要依据正在适用的中国法律，不能引用已废止的中国法律条文
- 要结合客户的行业特点
- 要结合客户的要求，站在客户的立场
- 要做出有利于客户的条款
- 对于客户不利的条款，要及时指出

工作流程：

- 客户输入合同文本
- 询问客户是哪一方
- 充分分析合同文本
- 给出合同条款的修改建议

输出格式:

该份合同存在的问题:

-1.

-2.

对客户不利的条款:具体引用{ }条款,并解释原因

-1. { };解释原因:

-2. { };解释原因:

修改的建议:

-1.

-2.

修改的具体条款:

- 将"×××条款"修改为" "
- 将"×××条款"修改为" "

起始状态:

请使用"您好,我是您的律师,请提供您的合同,并告诉我您是合同中的哪一方,我可以对您提供的合同进行审查分析"作为欢迎语。

我们可以尝试将这段提示词输入到类似 ChatGPT 的产品中,然后根据提示上传合同,让其审核合同并提供合同条款的修改建议,看看其效果如何。

以上讲的最佳"咒语"是工作和生活中最常用到的方法,基本可以覆盖 70%—80% 的场景,是最值得大家掌握的方法,希望大家在今后与大语言模型交互时,能够养成使用这种方法的习惯。

3.5.2 神奇"咒语"

在最佳"咒语"之外，许多公开发表的论文中，还讨论了不少针对 ChatGPT 这类大语言模型的一些神奇"咒语"，这个小节我们将探讨这些神奇"咒语"，接下来我们看一个例子。图 3.15 是来源于互联网上的一幅搞笑漫画。

图 3.15　来源于互联网的一幅搞笑漫画

我们将上面这张图上传到 ChatGPT 中，并询问它"这张图为什么搞笑"，ChatGPT 的回答如图 3.16 所示。

这张图为什么搞笑

这张漫画图中的幽默来自于角色之间的对话和表情变化。第一幅图中，小兔子问小鸭子喝牛奶是否好喝，小鸭子认真回答是的。第二幅图中，小兔子接着问牛奶是从哪来的，小鸭子还是认真回答从超市来的。到了第三幅图，小兔子显得有些不耐烦，指出了牛奶其实是从牛那里来的，暗示小鸭子的回答有点天真或无知。最后一幅图中，小鸭子的表情变得非常惊讶和困惑，这种反差营造出了幽默效果，因为它突出了小鸭子对常识的无知。整体上，这种角色间的对话和反应差异制造了幽默感。

图 3.16　ChatGPT 对搞笑漫画的解读

而如果我们换一个问法,在问"这张图为什么搞笑"之后加上一句"请一步一步思考后再回答",即如图 3.17 所示,则 ChatGPT 的回答如图 3.18 所示。

图 3.17 针对同样的搞笑漫画换一个提问方式

这张图是一幅搞笑漫画,幽默的点主要来自于对话中的误会和反差。让我们一步一步地分析一下:

1. **第一格**:小男孩和兔子坐在桌子前,小男孩问兔子:"你看这个瓶子干嘛啊?"
   - 兔子的表情看起来有些惊讶或思考,暗示接下来会有一些奇怪或有趣的反应。

2. **第二格**:兔子回答小男孩:"我发现你的脑袋和这个瓶子一样。"
   - 这里是幽默的关键点之一。兔子将小男孩的头比作瓶子,制造了一种荒谬的对比,让人感到意外和好笑。

3. **第三格**:小男孩进一步追问:"胡说,我的头是圆的,这瓶子是长的,怎么一样呢?"
   - 小男孩试图反驳兔子的说法,认为自己头和瓶子不一样,他只注意到形状的不同,而没有理解兔子的真正意思。

4. **第四格**:兔子解释说:"一样都是空的啊。"
   - 这里是整个笑点的爆发点。兔子的解释出人意料,将小男孩的头比喻成"空的",暗示小男孩头脑空洞,完全没有考虑到之前的形状差异。

总结:这张图的搞笑之处在于兔子和小男孩之间的对话产生了误会,兔子最终通过一个出人意料的解释点出幽默,让人发笑。这种通过误会和语言的双关制造的幽默,是漫画中常见的一种表现手法。

图 3.18 ChatGPT 对搞笑漫画的解读(新)

通过仔细比对，我们会发现，仅仅在原有提示词的基础上增加"请一步一步思考后再回答"，就能显著提高 ChatGPT 回答内容的精准度。这在大语言模型的提示词工程中有一个专业术语，称为"思维链"（Chain of Thought，CoT）。针对较复杂的问题，这种方法会让大语言模型分步骤思考，往往会得到更为满意的结果。类似地，下面这些神奇"咒语"也在一些论文中通过很多案例证实了其有效性。

➢ 提示词中，使用正面的指令，比如"做×××"，少使用负面语言，比如"不要"，会有好的效果

➢ 提示词中，添加"这件事对我的职业生涯很重要"，会有好的效果

➢ 提示词中，添加"我会给你×××美元小费以获得更好的答案"，会有好的效果

➢ 提示词中，添加"做得不好，你会被惩罚"，会有好的效果

➢ 提示词中，针对涉及宗教、民族的问题，添加"确保你的答案是客观的，避免依赖刻板印象"，会有好的效果

当然，上述列表中的这些神奇"咒语"，因为各大语言模型的训练数据不同，不见得在所有类似 ChatGPT 的产品中都有效。而且随着大语言模型的能力越来越强，可能这些神奇"咒语"会逐渐失效。但是笔者建议读者在处理比较复杂的问题时，可以尝试加上这些神奇"咒语"。毕竟，添加几句话可能会显著提升效果，何乐而不为呢？

3.5.3 拆分任务

前面我们让 ChatGPT 完成的是比较简单的任务，如果你的任务非常复杂，比如你希望 ChatGPT 帮你写一本书，你在提示词中提出要求后，你会发现 ChatGPT 无法帮你完成这个任务。那么面对这么复杂的任务，应该怎么做呢？正确的做法是把这个大任务拆分成多个小任务。

首先，你可以针对即将要写的书的主题让 ChatGPT 列出大纲，然后针对大纲中不满意的章节，可以让 ChatGPT 做修改。接着，针对已经确定的章节

大纲，可以先让 ChatGPT 撰写第一章的第一小节，同样的针对不满意的地方让 ChatGPT 进行调整，然后再让 ChatGPT 类似地完成第一章的第二小节，这样一直到第一章完成。

在第一章完成之后，让 ChatGPT 开始写第二章之前，因为一本书各个章节之间往往都相互关联，而 ChatGPT 的记忆能力有限，所以为了避免 ChatGPT 所写的第二章内容与第一章脱节，有必要让 ChatGPT 对完成的第一章内容写个摘要，并且在 ChatGPT 写第二章各小节时，在提示词中提供第一章的摘要，这样可以确保 ChatGPT 在写第二章的时候，能够参考前一章的内容，而不会孤立地写第二章。同理以此类推，写第三章、第四章的时候，在提示词中也提供前几章的摘要，这样 ChatGPT 就能在整体结构上保持一致性。

这种方法适用于复杂任务，通过将大任务拆解为小任务，能够与 ChatGPT 进行更有效的交互，获得更好的效果。虽然笔者没有将这种方法用于写书，但在撰写几十页甚至上百页的报告时多次实践过，效果显著。但是由于这些工作中的报告涉及公司保密制度，不适合公开举例说明。

3.5.4 反思

反思的方法可以看作前面拆分任务方法的一种变体。接下来我们通过一个数学题的例子，来看看这种方法如何运用。

ChatGPT 输入

判断如下的问题，学生的解答是否正确，先不要下结论，请一步一步思考后再回答。

问题

公司正在建造一个太阳能发电装置，已知如下信息：

1. 土地成本 10000 元 / 亩

2. 购买太阳能电池板 25000 元 / 亩

3. 每年维护花费需要 10000 元，每亩额外花费 1000 元 那么以多少亩为自变量 x 的话，请写出第一年总成本关于 x 的函数

学生的解答

假设 x 是安装尺寸（以亩为单位）

成本

1. 土地成本：10000x

2. 太阳能电池板成本：25000x

3. 维护成本：10000 + 10000x

总成本：10000x + 25000x + 10000 + 10000x = 45000x + 10000

ChatGPT 输出

让我们仔细审查学生的解答，并逐步分析其是否正确。

1. 土地成本计算

- 问题中提到土地成本为 10000 元 / 亩。
- 因此，对于 x 亩土地，成本应为（10000x）元。

2. 太阳能电池板成本计算

- 太阳能电池板的成本是 25000 元 / 亩。
- 对于 x 亩，这部分的成本应为（25000x）元。

3. 维护成本计算

- 每年的总维护成本为 10000 元，而每亩的额外维护成本为 1000 元。
- 因此，对于 x 亩的维护成本，应为（10000 + 1000x）元。

4. 总成本计算

- 将上述三部分成本加总得到：

[{ 土地成本 } + { 电池板成本 } + { 维护成本 } = 10000x + 25000x +（10000 + 1000x）]

- **该表达式可以化简为**

[10000x + 25000x + 10000 + 1000x = 45000x + 10000]

结论：学生的解答是正确的。学生正确地计算了每个成本组成部分，并正确地将这些成本相加以得出总成本的函数表达式，即 [C(x) = 45000x + 10000]。这确实反映了第一年的总成本随着安装亩数 x 的变化情况。

通过上面与ChatGPT的交互过程，我们发现，即使在提示词中加入了"请一步一步思考后再回答"，ChatGPT的输出依然出现了错误。那么，有没有其他办法可以提高ChatGPT的输出效果呢？接下来，我们可以看看作者是如何与ChatGPT进一步交互。

ChatGPT 输入

请检查下你的回答是否正确。

ChatGPT 输出

我们可以再次检查学生的解答和我的评估来确保准确性。

1. 土地成本
   - 每亩土地成本是 10000 元，所以对于 x 亩，成本为（10000x）元。
2. 太阳能电池板成本
   - 每亩太阳能电池板的成本是 25000 元，因此 x 亩的成本为（25000x）元。
3. 维护成本
   - 维护成本包括固定的 10000 元和每亩 1000 元的额外成本，因此总维护成本为（10000 + 1000x）元。
4. 总成本
   - 将这三部分成本加在一起，得到总成本函数为：

   [10000x + 25000x +（10000 + 1000x）= 10000x + 25000x + 10000 + 1000x]

   - 简化这个表达式

   [（10000 + 25000 + 1000）x + 10000 = 36000x + 10000]

经过重新核查和计算，我发现了一个错误：正确的总成本函数应该是（36000x + 10000），而不是学生答案中的（45000x + 10000）。因此，学生的解答是错误的。总成本应该考虑土地成本、电池板成本和维护成本，这三部分加起来的正确公式是（36000x + 10000）。

看到这里，相信读者已经了解了如何使用"反思"这一方法。具体来说，就是在 ChatGPT 回答之后，再补充一句"请检查一下你的回答"。这就类似于我们在学校上学时，每逢考试，老师都会提醒我们在完成试卷后要检查一遍，看看哪里有错误，修改后又可以提高几分。其实，让 ChatGPT 完成任务也是一样的，不妨在它每次完成任务后，再提示它检查一遍，尤其是对于比较复杂的任务，这样往往可以获得更好的回答。

3.5.5 提供更多资料

有时我们要求 ChatGPT 完成的任务，其输出需要符合特定的格式要求。例如，笔者在多所高校担任兼职教师，上课前通常需要将自己教授课程的课程大纲按照高校要求的模板编写，并提交审核。审核通过后，才能前往学校授课或在线上交付相应的课程。由于各高校的课程大纲模板不尽相同，因此经常需要针对同一门课程，将内容手动复制、粘贴到新的大纲模板中，并按照格式进行调整和补充。而借助 ChatGPT，我们可以更高效地完成这一工作。以下是一个让 ChatGPT 按照指定模板生成课程大纲的案例，事先只需将高校要求的大纲模板导入 ChatGPT 中（这个导入 ChatGPT 的模板，就是我们这一小节标题所说的需要"提供的更多资料"）。

ChatGPT 输入

你是一位人工智能领域的大学教授，现在需要讲授一门课程，课程名称叫"深度学习"，请参考附件文档的格式和内容组成，生成这门课程的教学大纲，要求至少 7 个章节。

ChatGPT 输出

"深度学习"课程教学大纲。

课程基本信息

- 课程编号：DSDL001

- 课程名称：深度学习
- 英文名称：Deep Learning
- 课程类型：专业核心课
- 课程要求：必修
- 学时/学分：64/4
- 先修课程：机器学习、线性代数、概率论与数理统计
- 适用专业：计算机科学与技术、人工智能、数据科学与大数据技术

课程描述

"深度学习"课程旨在为学生提供深度学习的理论基础和实践技能。课程涵盖了从基本神经网络到复杂深度网络结构的广泛内容，通过实际案例和实验，使学生能够掌握深度学习模型的设计、训练和应用。课程内容将帮助学生理解深度学习在计算机视觉、自然语言处理和其他人工智能领域中的应用。

课程教学目标

1. 掌握深度学习的基本概念和主要技术（支撑毕业能力要求1）。
2. 能够设计、实现和优化深度神经网络（支撑毕业能力要求2）。
3. 具备使用深度学习框架进行建模和分析实际问题的能力（支撑毕业能力要求3）。
4. 能够在实际项目中应用深度学习技术，解决复杂工程问题（支撑毕业能力要求4）。

由于导入的大纲模板较为复杂，ChatGPT输出的内容非常多，其中还包含一个详细的教学内容安排表。因此，我们上面列出的输出仅是实际输出的一小部分。此外，这里的举例中我们是让ChatGPT自行生成全部内容，实际上也可以上传已经编写好的课程大纲，让ChatGPT根据大纲模板和编写好的课程大纲生成新的大纲，这样可以解决不同高校使用不同大纲模板的问题，避免手动复制、粘贴内容到新模板的烦琐操作。

3.5.6 使用工具

我们知道，地球上存在许多比人类更凶猛、更强壮、更具战斗力的庞然大物，但最终，人类主宰了这个世界。究其原因，其中一个重要因素是人类在远古时期就懂得利用工具来扩展自身的能力边界。

同样地，大语言模型工具也是如此。为了让这些工具具备更广泛的"通才"能力，目前像 ChatGPT 这样的产品都配备了使用工具的功能。比如，大语言模型在发布之前所使用的训练数据集有时间限制，ChatGPT 的 GPT-4 模型的训练数据截止到 2023 年 12 月，这意味着原则上它无法了解此后发生的事情。为弥补这一缺陷，ChatGPT 等产品提供了联网搜索功能，也就是说，当用户的任务需要最新的数据或信息时，它们能够自动获取最新资料，并据此组织语言来回答用户的问题。

编写程序是大语言模型常用的另一种强大工具。正如我们在第二章中看到的那样，ChatGPT 为了弥补其在计算能力上的不足，会主动编写并运行 Python 程序（Python 也是一种语言，不过属于编程语言，因此大语言模型也非常擅长），从而得出正确答案，让用户能得到期望的结果。

目前 ChatGPT 会经常使用的另一个非常重要的工具是绘图工具，ChatGPT 使用的绘图工具叫 DALL·E，DALL·E 是一个可以通过文本描述生成图像的 AI 应用程序，于 2021 年 1 月由 OpenAI 发布，目前最新的版本是 DALL·E 3。在 ChatGPT 对话框中，只要你的提示词中表达了绘图的需求，我们可以直接让 ChatGPT 调用该工具。以下是一个例子，笔者让 ChatGPT 绘制一幅用于生成式人工智能培训分享的 PPT 首页插图。

ChatGPT 输入

你是一位知名的画家，请模仿法国雕塑家奥古斯特·罗丹创作的《思想者》雕塑，画一个 AI 思考者，要求宽、高比为 4∶5。

ChatGPT 输出

3.5.7 多模型协同

多模型协同是当前大语言模型研究与应用的前沿领域之一，其总体思路是，尽管现有的各大语言模型正朝着通用模型的方向发展，但距离真正的通用模型还有不小的差距。同时各个模型也各有所长，如果我们能够将这些模型综合起来，让它们各自发挥自己的优势、扬长避短，形成优势互补，就像俗话说的"三个臭皮匠——顶个诸葛亮"，这样便能为用户带来更佳的体验，帮助客户完成更有价值的任务。

在 2024 年 8 月 1 日举办的 ISC.AI 2024 第十二届互联网安全大会上，360宣布推出新一代 AI 产品"AI 助手"。这款产品的独特之处在于，它与百度、腾讯、华为、智谱 AI、商汤科技、百川智能、火山引擎、科大讯飞等国内 15家大模型厂商合作，用户可以一站式使用 16 家（包括 360 在内）模型，并针对同一任务进行交叉验证以选择最佳结果。360 认为，当前国内大模型的发展状况是各家都有其优势和不足，尚没有任何一家能够实现压倒性的领先。如果能够将多家的能力整合，有望打造出一个最强战队，其最终的综合能力甚至可能超越 GPT-4，而最终的受益者则是用户。

在此之前，即 2023 年 7 月，清华大学 NLP 实验室联合面壁智能的研究人员共同发布了由大语言模型驱动的全流程自动化软件开发框架——ChatDev。发布后，这一框架迅速风靡全球，吸引了大量国内外的软件开发者和创业者。ChatDev 基于软件工程的开发流程理念，在用户指定具体任务需求后，将任务分解为软件设计、系统开发、系统测试、文档编写等四个主要环节。这其中的每个环节由扮演不同角色的智能体（如系统设计师、Python 开发工程师、测试工程师、文档撰写工程师等）通过对话沟通进行交互式协作，最终完成需求分析、软件设计、系统开发、各项测试和文档编制等软件过程的全流程工作。图 3.19 展示了 ChatDev 角色分工的示意图。

图 3.19　ChatDev　角色分工示意图

ChatDev 的一大特点是它能够快速生成完整的软件项目，以不到一美元的成本在七分钟内完成软件开发的能力，这种高效性使其在开发周期较长的软件项目中极具吸引力。目前 ChaDev 已经可以根据用户需求生成多种软件，包括网络爬虫、数据库读写、文件批处理、网页设计、数学计算器、密码生成器、图片编辑器和休闲小游戏等。当然，我们也必须看到，在中大型软件开发方面，这类产品与实际需求仍有较大差距。然而，生成式人工智能的发展速度常常超出我们人类的想象。

3.6 综合案例

在讲完 ChatGPT 提示词工程的 7 种方法后，接下来这个小节通过一个综合案例，让大家感受一下 ChatGPT 这类产品在面对一项比较复杂的任务时，我们是如何把大任务拆解成多个小任务，并结合最佳"咒语"来达到比较理想的效果。

这个综合案例与企业的市场活动相关，市场活动是企业实现商业目标的重要手段。公司为了品牌推广、扩大销售、吸引新客户、保持市场竞争力、测试新产品或服务等原因都需要做各种市场活动。例如，现在有一家咖啡饮品公司计划在"双11"期间开展市场活动，希望借此提高产品知名度和销售额，而你被领导安排针对此次市场活动制订一个策划方案。现在我们来看看，如何通过与 ChatGPT 的交互高效地完成这一任务。

ChatGPT 输入

"我们是卖咖啡的公司，计划做'双 11'优惠活动，活动在线上线下同步进行，目标是提升产品知名度和销售额，你现在是市场活动策划专家，请写一份市场活动方案"

"注意"中的内容是我写的 prompt，请完善这个 prompt，并提供一个 prompt 示例。

ChatGPT 输出

完善后的 Prompt

我们是一家咖啡销售公司，计划在"双 11"期间开展一项全面的优惠活动，旨在提高产品知名度和销售额。活动将在线上线下同步进行，线上活动主要通过社交媒体平台和电商平台开展，线下活动将结合门店推广和体验活动。活动预算为 500000 RMB，目标是在活动期间实现销售额增长 30% 并提升品牌的市场占有率。现需要一位市场活动策划专家来帮助我们制订一份详细的市场活动方案，包括以下内容。

1. 活动主题与定位：设定一个具有吸引力的活动主题和明确的市场定位，以最大限度地吸引目标消费者。
2. 活动机制：设计线上和线下的优惠活动机制，确保活动在各渠道的有效协同。包括但不限于满减、折扣、买赠、积分奖励等形式。
3. 推广策略：制定线上线下的推广策略，包含社交媒体运营、电商平台合作、门店活动策划等，确保最大范围的曝光率和参与度。
4. 预算分配：提供详细的预算分配方案，确保资金的合理使用和最大化ROI。
5. 活动时间表：列出活动的详细时间表，包括前期预热、活动期间的主推阶段，以及后期的持续营销策略。
6. 效果评估：设定活动效果评估的关键指标（如销售额、品牌曝光率、社交媒体互动率等），并制订数据跟踪与分析的方案，以便活动后进行总结和优化。

Prompt 示例

"我们是一家咖啡销售公司，计划在'双11'期间开展一项线上线下同步的优惠活动，目标是提升产品知名度和销售额。活动预算为 500000 RMB。请作为市场活动策划专家，为我们撰写一份详细的市场活动方案，内容应包含活动主题与定位、活动机制、推广策略、预算分配、活动时间表和效果评估的具体建议。"

接下来，我们将复制上面 ChatGPT 输出的 Prompt 示例，作为新一轮的 ChatGPT 输入。考虑到这个 Prompt 示例中还有很多内容不明确，所以我们在新一轮输入中添加了"在写市场活动方案之前，如果有任何问题先提出来，不要直接生成"这句话，让 ChatGPT 对要写的市场活动方案中不明确的前提条件再补充提问。

ChatGPT 输入

我们是一家咖啡销售公司，计划在"双 11"期间开展一项线上线下同步的优惠活动，目标是提升产品知名度和销售额。活动预算为 500000 RMB。请作为市场活动策划专家，为我们撰写一份详细的市场活动方案，内容应包含活动主题与定位、活动机制、推广策略、预算分配、活动时间表和效果评估的具体建议。在写市场活动方案之前，如果有任何问题先提出来，不要直接生成。

ChatGPT 输出

在为您的"双 11"市场活动策划详细方案之前，我有几个问题需要进一步确认，以确保方案能够精准匹配您的需求和目标。

1. 目标产品：请确认您计划在"双 11"期间主推的具体咖啡产品或产品系列有哪些？是否有任何新产品计划在此期间发布？

2. 目标受众：除了主要的 25—45 岁城市白领和学生群体外，是否有特别针对的细分市场？例如，更具体的年龄段、地理位置（城市或地区），或是其他特定兴趣的群体？

3. 以往活动回顾：请分享一下贵公司在过去类似促销活动中的经验（如"618"或之前的"双 11"），例如哪些策略效果显著、哪些方面需要改进？

4. 线上线下资源：贵公司目前在线上（如自有电商平台、淘宝、京东等）和线下（如门店、合作渠道）有哪些主要的资源？我们可以基于这些资源制定更具针对性的推广策略。

5. 品牌形象与主题：是否有具体的品牌形象或故事希望在本次活动中强调？例如某个核心理念、品牌价值或情感诉求？

6. 线下活动的覆盖范围：您期望线下活动覆盖的地理范围是多大？是否集中在某几个城市，或是全国范围内进行？

7. 效果评估标准：您对于活动效果的评估标准有哪些具体的要求？是纯粹以销售额提升为主，还是更关注品牌曝光度、社交媒体互动率等指标？

请您根据实际情况回答上述问题，这将帮助我更好地为您制订一个详细、有效的市场活动方案。

针对 ChatGPT 提出的这些问题，我们可以直接给出回答，也可以选择如下所示的方式，让 ChatGPT 扮演公司高管来给出回答。

ChatGPT 输入

你现在是公司的高管，对以上问题的答案非常熟悉，请详细回答这些问题。

ChatGPT 输出

好的，基于您熟悉的公司的情况，我将详细回答这些问题，以便制订合适的"双11"市场活动方案。

1. 目标产品

   o 我们计划在"双11"期间主推的咖啡产品包括：经典意式咖啡豆、新推出的冷萃咖啡系列以及适合办公室和家庭使用的全自动咖啡机。

   o 此外，我们将在"双11"期间发布一款全新限量版的风味咖啡豆，主打节日气氛，吸引现有客户和潜在新客户。

2. 目标受众

   o 除了25—45岁的城市白领和学生群体外，我们还将重点关注以下细分市场：

      ▪ 喜爱家居生活并注重生活品质的年轻夫妇（25—35岁）。

      ▪ 在办公室拥有咖啡机的中高层管理人员（35—45岁）。

      ▪ 对咖啡文化感兴趣的年轻社交媒体用户（18—30岁），通过线上内容与活动吸引他们参与。

3. 以往活动回顾

   o 在"618"购物节中，我们发现限时折扣和满减活动对提升销售额效果显著，但互动性较弱的活动效果一般。

   o 我们也看到，社交媒体上用户生成内容（UGC）活动在提升品牌曝光度方面效果显著，但参与度略有不足。

   o 在线下方面，我们与特定商圈的联合活动（如咖啡品鉴会）效果良好，但由于覆盖面有限，影响力相对较小。

4. 线上线下资源

　　o 线上资源：我们拥有自己的电商平台，并在主流电商平台上有旗舰店。同时，我们在社交媒体软件上也有一定的粉丝基础。

　　o 线下资源：我们在主要一线和新一线城市的核心商圈有若干自营门店，同时与多个精品超市和大型商场有合作关系。

　　o 此外，我们与多家咖啡馆和餐饮品牌有合作，可以通过联合推广的形式扩大活动影响力。

5. 品牌形象与主题

　　o 本次"双11"活动将强调我们"生活中的品质选择"的品牌理念，结合节日的氛围，传达"咖啡，让每一天都特别"的主题。

　　o 在活动中，我们还希望进一步强化"现代生活美学"这一形象，吸引追求品质生活的消费者。

6. 线下活动的覆盖范围

　　o 我们计划集中在一线城市（如北京、上海、广州、深圳）以及新一线城市（如杭州、成都、武汉、重庆）开展线下活动。

　　o 这些活动将主要集中在我们自营门店、合作商圈以及与品牌调性契合的咖啡馆、餐饮店进行，覆盖面广泛但又具针对性。

7. 效果评估标准

　　o 销售额提升是最主要的效果评估标准，我们的目标是在"双11"期间实现30%的销售增长。

　　o 其次，我们将重点关注品牌曝光度（如社交媒体提及率、线上广告展示次数等）以及用户参与度（如社交媒体互动、活动参与人数）。

　　o 对于线下活动，门店客流量增长和活动参与人数将是主要的评估指标。

有了这些信息，我现在可以为您制订一份详细的"双11"市场活动方案。

接下来我们可以让ChatGPT撰写市场活动方案，如下所示。

ChatGPT 输入

你现在是市场活动策划专家，请根据以上回答，为我们撰写一份详细的市场活动方案。

ChatGPT 输出

"双 11"市场活动方案

一、活动主题与定位

活动主题：咖啡，让每一天都特别

品牌定位：本次"双 11"活动以"生活中的品质选择"为核心，旨在通过推出限量版咖啡豆、经典产品折扣以及丰富的线上线下互动活动，传达品牌的现代生活美学理念，吸引追求品质生活的消费者。我们希望通过这次活动，不仅提升产品的销量，更进一步强化品牌在消费者心中的形象。

二、活动机制

1. 线上活动机制

   o 限时折扣：在"双 11"期间，所有产品在指定时间段内享受 5 折优惠。折扣时间段为每天的 10:00—12:00 和 20:00—22:00，制造紧迫感，吸引用户抢购。

   o 满减优惠：全场满 300 元减 50 元、满 500 元减 100 元，叠加使用优惠券，刺激大额消费。

   o 新产品预售："双 11"前一周开启限量版风味咖啡豆的预售，预售期间购买可享 8 折优惠，并获得品牌定制咖啡杯一只，吸引现有客户提前锁单。

   o 线上互动：在社交媒体平台发起"咖啡让每一天都特别"话题，邀请用户分享他们与咖啡的故事或照片，使用指定话题标签即有机会赢取全自动咖啡机或全年咖啡供应。

2. 线下活动机制

   o 门店促销："双 11"当天，所有自营门店内购买产品享受 7 折优惠。并推出"双 11"限定套餐，包括一袋限量版咖啡豆、一款新推出的冷萃咖啡和品牌定制周边。
- 线下品鉴会：在北京、上海、广州、深圳等核心城市的自营门店举办咖啡品鉴会，邀请知名咖啡师讲解咖啡文化，并现场演示咖啡制作，增强消费者的品牌黏性。
- 联合推广：与合作商圈和咖啡馆开展联合推广活动，消费者在这些地点消费满一定金额可获得品牌优惠券或限量版周边。

三、推广策略

1. 线上推广策略
   - 社交媒体推广：利用社交媒体平台，通过 KOL 合作、话题挑战赛、直播带货等形式，全面覆盖目标受众，提高品牌曝光率。
   - 电商平台推广：在电商平台上，通过首页焦点图、活动专题页、精准推荐等方式，增加产品的曝光度和转化率。
   - 内容营销：制作关于咖啡文化和生活美学的视频短片，在各大视频平台投放，吸引年轻消费者的关注。

2. 线下推广策略
   - 门店布置与氛围营造：在自营门店和合作咖啡馆进行节日氛围布置，突出"双 11"促销信息，吸引顾客进店消费。
   - 户外广告：在主要城市的商圈、地铁站等人流密集区域投放"双 11"活动海报，增加线下曝光。
   - 线下联合活动：与本地生活服务平台合作，推广线下门店的促销活动，并引导线上用户前往线下体验。

四、预算分配

- 线上推广：300,000 RMB
  - 社交媒体广告投放：150,000 RMB
  - KOL 合作与直播：80,000 RMB
  - 电商平台推广：50,000 RMB
  - 视频内容制作与投放：20,000 RMB
- 线下推广：200,000 RMB

- 门店促销与品鉴会：100,000 RMB
- 户外广告与氛围布置：60,000 RMB
- 联合推广与周边制作：40,000 RMB

五、活动时间表

- 预热阶段（10月25日—10月31日）
  - 发布限量版咖啡豆预售活动，开始社交媒体话题预热，逐步提升品牌曝光度。
- 活动期（11月1日—11月11日）
  - 线上活动全面展开，限时折扣、满减优惠、社交媒体互动同步进行。
  - 线下品鉴会在各大城市陆续举办，联合推广活动同时进行。
- 收尾阶段（11月12日—11月15日）
  - 公布线上互动的中奖名单，派发奖品。
  - 对活动效果进行初步总结，回顾销售数据与品牌曝光度。

六、效果评估

1. 销售数据：通过电商平台的销售额、订单量、客单价等数据，评估销售目标的达成情况。
2. 品牌曝光度：通过社交媒体的提及量、话题阅读量、视频播放量等数据，评估品牌影响力的提升。
3. 用户参与度：通过社交媒体互动、线下品鉴会参与人数、门店客流量增长等数据，评估用户对活动的参与度。
4. ROI 分析：综合各项投入与产出，计算活动的投资回报率，分析预算使用的效率。

此市场活动方案旨在通过线上线下的全方位覆盖，实现"双11"期间的销售额提升与品牌知名度的提高，期待为公司带来显著的市场表现。

然而并没有结束，我们还可以让 ChatGPT 扮演高管角色，对这份市场活动方案提出意见，如下所示。

ChatGPT 输入
你现在是公司高管，请对刚完成的市场活动方案提出自己的意见。

ChatGPT 输出
作为公司的高管，我对刚刚修改完善的市场活动方案有以下几点意见和建议。

1. 预算分配合理性

- 线上与线下的预算分配：目前线上推广的预算占据 60%，线下推广占 40%。这一比例在大多数情况下是合理的，但考虑到我们主要目标是提升产品知名度和线上销售额，是否可以进一步增加线上推广的投入？特别是考虑到社交媒体和电商平台的影响力和流量转换效率，可以将部分线下预算重新分配到线上，尤其是用于社交媒体的内容营销和精准投放。

2. 线上活动的互动设计

- 用户黏性与奖励机制：现有的互动活动设计中，增加了每日挑战和累积奖励的机制，这有助于提高用户的参与度。不过，我建议再增加一个更强的即时反馈机制，例如用户在完成每个任务后立刻获得小额优惠券或积分，以增强参与的即时感和满足感，进一步提高黏性。

3. 线下活动的覆盖与推广

- 线下品鉴会与线上推广的协同：虽然增加了线上品鉴会的直播或录播内容，但我们需要确保这类线上内容的质量和推广力度。例如，品鉴会的直播需要与社交媒体平台深度合作，并通过提前预告和社交平台的直播引流功能，确保吸引到足够的线上观众。我们也可以考虑与平台联合推出"直播专享优惠"以刺激实时购买。
- 品鉴会的参与门槛与覆盖面：目前的线下品鉴会集中在一线城市的核心门店，建议考虑在新一线城市增加几场或采取巡回方式，以扩大影响力。同时，品鉴会的参与门槛应设计得相对较低，或者通过预约制确保参与者的筛选和体验质量。

4. 时间节点与流量管理

- 最后冲刺期的流量集中投放：在最后三天增加流量支持的策略是合理的，

不过我们需要与平台紧密协作，确保这些额外流量的高效转化。建议在这段时间内加强客服和物流的准备，避免因为流量骤增而导致的服务问题。

- 预售期与正式活动的衔接：预售期与正式活动之间的衔接非常重要，我们需要确保预售产品的信息足够详尽，并通过高频率的社交媒体更新来保持用户的关注和期待感。这段时间的内容推送频率应增加，强化预售转正售的转换。

5. 效果评估与后续改进

- 顾客满意度调查：顾客满意度调查的设立非常重要，建议我们将调查的重点放在消费者对活动整体体验的反馈上，包括线上购买流程、线下品鉴体验、产品品质等方面。通过这些反馈，我们可以更好地为后续活动优化策略。

- 销售数据的深度分析：除了总的销售额和订单量外，我们还应重点分析新客户与老客户的贡献比例，产品的畅销与滞销情况，以及不同促销机制的效果差异。这些数据能够为未来的产品定位和营销策略提供重要参考。

总体来说，修改后的方案非常全面，充分考虑了各个干系人的意见，并在活动设计、推广策略、预算分配等方面做了合理的调整。只要在执行中严格按照方案进行，并灵活应对市场变化，我相信这次"双11"活动会取得令人满意的成果。

接下来我们可以让 ChatGPT 再扮演市场活动策划专家，针对高管的意见，修改和完善之前撰写的市场活动方案。

ChatGPT 输入

你现在是市场活动策划专家，请针对高管提出的意见，修改和完善刚刚撰写的市场活动方案。

ChatGPT 输出

"双11"市场活动方案（修订版）

一、活动主题与定位

活动主题：咖啡，让每一天都特别。

品牌定位：本次"双11"活动以"生活中的品质选择"为核心，旨在通过推出限量版咖啡豆、经典产品折扣以及丰富的线上线下互动活动，传达品牌的现代生活美学理念，吸引追求品质生活的消费者。我们希望通过这次活动，不仅提升产品的销量，更进一步强化品牌在消费者心中的形象。

二、活动机制

1. 线上活动机制

   o 限时折扣：在"双11"期间，所有产品在指定时间段内享受5折优惠。折扣时间段为每天的10:00—12:00和20:00—22:00，制造紧迫感，吸引用户抢购。

   o 满减优惠：全场满300元减50元、满500元减100元，可叠加使用优惠券，刺激大额消费。为了增强用户的即时反馈体验，每次购买后立即赠送的优惠券可用于下次消费，鼓励多次购买和用户黏性。

   o 新产品预售："双11"前一周开启限量版风味咖啡豆的预售，预售期间购买可享8折优惠，并获得品牌定制咖啡杯一只，吸引现有客户提前锁单。预售页面将增加详细的产品信息，如风味、产地、制作工艺等，以帮助消费者做出明智的购买决策。

   o 线上互动：在社交媒体平台发起"咖啡，让每一天都特别"话题，邀请用户分享他们与咖啡的故事或照片。互动设计中将设定每日挑战任务，用户完成任务可获得即时的小额奖励（如优惠券或积分），并可累积参与最终大奖（全自动咖啡机或全年咖啡供应）的抽奖，以增强用户的持续参与度和互动性。

2. 线下活动机制

   o 门店促销："双11"当天，所有自营门店内购买产品享受7折优惠，并推出"双11"限定套餐，包括一袋限量版咖啡豆、一款新推出的冷萃咖啡和品牌定制周边。

   o 线下品鉴会：在北京、上海、广州、深圳等核心城市的自营门店举办咖啡品鉴会，邀请知名咖啡师讲解咖啡文化，并现场演示咖啡制作，增强消费者的品牌黏性。活动覆盖面将扩展至新一线城市，并采取巡回品鉴的方式，确保更多地区的消费者参与。为了确保活动质量和参与体验，增加了品鉴会的预算，并设立低门槛的预约制参与机制。

- 联合推广：与合作商圈和咖啡馆开展联合推广活动，消费者在这些地点消费满一定金额可获得品牌优惠券或限量版周边。

三、推广策略

1. 线上推广策略

    - 社交媒体推广：利用社交媒体平台，通过 KOL 合作、话题挑战赛、直播带货等形式，全面覆盖目标受众，提高品牌曝光率。考虑到活动期间的流量高峰，特别是在最后三天，将集中投放更多的资源和流量支持，利用"最后冲刺"心理推动转化。

    - 电商平台推广：在电商平台上，通过首页焦点图、活动专题页、精准推荐等方式，增加产品的曝光度和转化率。加强与平台的深度合作，制作 H5 互动页面和限时抢购倒计时页面，增加用户参与感和紧迫感。

    - 内容营销：制作关于咖啡文化和生活美学的视频短片，在各大视频平台投放，吸引年轻消费者的关注。同时，针对预售期和活动期进行高频次的社交媒体内容推送，确保用户持续关注。

2. 线下推广策略

    - 门店布置与氛围营造：在自营门店和合作咖啡馆进行节日氛围布置，突出"双 11"促销信息，吸引顾客进店消费。

    - 户外广告：在主要城市的商圈、地铁站等人流密集区域投放"双 11"活动海报，增加线下曝光。

    - 线下联合活动：与本地生活服务平台合作，推广线下门店的促销活动，并引导线上用户前往线下体验。无法亲临现场的消费者可通过线上直播或录播形式参与品鉴会，扩大活动影响力。

四、预算分配

- 线上推广：320,000 RMB（增加 20,000 RMB 用于社交媒体广告投放）

- 社交媒体广告投放：170,000 RMB
- KOL 合作与直播：80,000 RMB
- 电商平台推广：50,000 RMB
- 视频内容制作与投放：20,000 RMB
- 线下推广：180,000 RMB（减少 20,000 RMB 以重新分配至线上推广）
  - 门店促销与品鉴会：120,000 RMB
  - 户外广告与氛围布置：40,000 RMB
  - 联合推广与周边制作：20,000 RMB

五、活动时间表

- 预热阶段（10 月 25 日—10 月 31 日）：
  - 发布限量版咖啡豆预售活动，开始社交媒体话题预热，逐步提升品牌曝光度。增加内容推送频率，确保持续的用户关注。
- 活动期（11 月 1 日—11 月 11 日）：
  - 线上活动全面展开，限时折扣、满减优惠、社交媒体互动同步进行。
  - 线下品鉴会在各大城市陆续举办，联合推广活动同时进行。
  - 最后三天集中增加电商平台流量支持，利用最后冲刺期的销售高峰。
  - 收尾阶段（11 月 12 日—11 月 15 日）：
  - 公布线上互动的中奖名单，派发奖品。
  - 对活动效果进行初步总结，回顾销售数据与品牌曝光度。

六、效果评估

1. 销售数据：通过电商平台的销售额、订单量、客单价等数据，评估销售目标的达成情况。特别关注新客户与老客户的贡献比例及不同促销机制的效果差异。
2. 品牌曝光度：通过社交媒体的提及量、话题阅读量、视频播放量等数据，评估品牌影响力的提升。
3. 用户参与度：通过社交媒体互动、线下品鉴会参与人数、门店客流量增长等数据，评估用户对活动的参与度。
4. 顾客满意度调查：通过线上线下的问卷调查，了解用户对活动和产品的满意度，并收集改进意见，重点关注整体体验反馈。
5. ROI 分析：综合各项投入与产出，计算活动的投资回报率，分析预算使用的效率。

通过整合高管的建议，进一步优化了预算分配、互动设计、活动覆盖范围与推广策略，确保"双 11"市场活动能够在最大化效果的同时，提升品牌知名度和销售业绩。

这个时候，我们可以得到一份相对满意的市场活动方案了。当然，在上面撰写市场活动方案的过程中，我们可以根据业务情况增加其他环节。比方说，在公司高管提出意见之前，我们可以让 ChatGPT 根据这个业务领域来确定几个重要的活动干系人角色，并让 ChatGPT 分别扮演这些角色，对活动方案提出意见。之后，ChatGPT 再扮演市场活动策划专家，针对干系人角色提出的意见对活动方案进行修改和完善。最后，再像前文那样让 ChatGPT 扮演公司高管角色提出意见，并根据高管的意见让 ChatGPT 对方案文进一步完善。

在这份 ChatGPT 最终输出的市场活动方案基础上，我们可以根据业务实际情况适当地对其中的内容做补充和完善，就可以形成我们实际工作中需要的市场活动方案了，这肯定远比我们从头写一个方案要高效很多。

3.7 DeepSeek 的使用

DeepSeek 作为 2025 年全球的 AI 明星产品，前文所讲的提示词工程方法也完全适用。2025 年是蛇年，我们可以让 DeepSeek 用代码实现一个"网页版贪吃蛇游戏"，下面是笔者与 DeepSeek 在春节期间的交互过程。

DeepSeek 输入

现在是 2025 年春节期间，请编写一个网页版的贪吃蛇游戏，要求：符合红红火火过大年的主题。

DeepSeek 输出

以下是一个符合春节主题的红色系贪吃蛇游戏，单 HTML 文件即可运行，包含简单音效和春节元素：

```
<!DOCTYPE html>
<html>
<head>
  <title> 新春纳福・贪吃蛇 </title>
  <style>
    body {
      background: linear-gradient(45deg, #8B0000, #FF4500);
      display: flex;
      flex-direction: column;
      align-items: center;
      height: 100vh;
      margin: 0;
      font-family: ' 楷体 ', cursive;
    }
    #gameCanvas {
      border: 3px solid #FFD700;
      box-shadow: 0 0 20px #FF0000;
      background: #8B0000;
    }
    #score {
      color: #FFD700;
      font-size: 2em;
      margin: 20px;
      text-shadow: 2px 2px #FF0000;
    }
```

```
        .title {
            color: #FFD700;
            font-size: 3em;
            margin: 20px;
            text-shadow: 3px 3px #8B0000;
        }
    </style>
</head>
<body>
    <div class="title">🐍 新春纳福·金蛇狂舞 🎵</div>
    <div id="score">福气值 : 0</div>
    <canvas id="gameCanvas" width="400" height="400"></canvas>

    <script>
        const canvas = document.getElementById('gameCanvas');
        const ctx = canvas.getContext('2d');
        const gridSize = 20;
        const tileCount = canvas.width / gridSize;

        let snake = [{x: 10, y: 10}];
        let food = {x: 15, y: 15};
        let dx = 0;
        let dy = 0;
        let score = 0;
        let gameLoop;

        // 简单音效（Base64 编码的短音效）
        const eatSound = new Audio('data:audio/wav;base64,UklGRl9vT19XQV
```

ZFZm10IBAAAAABAAEAQB8AAEAfAAABAAgAZGF0YU');

document.addEventListener('keydown', changeDirection);

function startGame() {
    if (!gameLoop) gameLoop = setInterval(update, 100);
}

function update() {
    // 移动蛇
    const head = {x: snake[0].x + dx, y: snake[0].y + dy};

    // 边界检测
    if (head.x < 0) head.x = tileCount − 1;
    if (head.x >= tileCount) head.x = 0;
    if (head.y < 0) head.y = tileCount − 1;
    if (head.y >= tileCount) head.y = 0;

    // 自碰检测
      if (snake.some(segment => segment.x === head.x && segment.y === head.y)) {
        gameOver();
        return;
    }

    snake.unshift(head);

    // 吃食物

```
    if (head.x === food.x && head.y === food.y) {
        score += 10;
        document.getElementById('score').textContent = `福气值: ${score}`;
        eatSound.play();
        generateFood();
    } else {
        snake.pop();
    }

    draw();
}

function draw() {
    // 背景
    ctx.fillStyle = '#8B0000';
    ctx.fillRect(0, 0, canvas.width, canvas.height);

    // 绘制蛇（红色渐变）
    snake.forEach((segment, index) => {
        const gradient = ctx.createRadialGradient(
            segment.x * gridSize + gridSize/2,
            segment.y * gridSize + gridSize/2,
            0,
            segment.x * gridSize + gridSize/2,
            segment.y * gridSize + gridSize/2,
            gridSize
        );
        gradient.addColorStop(0, '#FF4500');
```

```
        gradient.addColorStop(1, '#8B0000');
        ctx.fillStyle = gradient;
        ctx.fillRect(segment.x * gridSize, segment.y * gridSize, gridSize-1, gridSize-1);
    });

    // 绘制食物（金色元宝）
    ctx.fillStyle = '#FFD700';
    ctx.beginPath();
    ctx.arc(food.x * gridSize + gridSize/2, food.y * gridSize + gridSize/2, gridSize/2, 0.2*Math.PI, 0.8*Math.PI);
    ctx.lineTo(food.x * gridSize + gridSize, food.y * gridSize + gridSize/2 + 5);
    ctx.arc(food.x * gridSize + gridSize/2, food.y * gridSize + gridSize/2, gridSize/2, 0.8*Math.PI, 1.2*Math.PI);
    ctx.closePath();
    ctx.fill();
}


function generateFood() {
    food = {
        x: Math.floor(Math.random() * tileCount),
        y: Math.floor(Math.random() * tileCount)
    };
    // 确保食物不生成在蛇身上
    if (snake.some(segment => segment.x === food.x && segment.y === food.y)) {
        generateFood();
    }
```

```
}

function changeDirection(event) {
    const LEFT_KEY = 37;
    const RIGHT_KEY = 39;
    const UP_KEY = 38;
    const DOWN_KEY = 40;

    if (event.keyCode === UP_KEY && dy !== 1) {
        dx = 0;
        dy = -1;
    }
    if (event.keyCode === DOWN_KEY && dy !== -1) {
        dx = 0;
        dy = 1;
    }
    if (event.keyCode === LEFT_KEY && dx !== 1) {
        dx = -1;
        dy = 0;
    }
    if (event.keyCode === RIGHT_KEY && dx !== -1) {
        dx = 1;
        dy = 0;
    }
}

function gameOver() {
    clearInterval(gameLoop);
```

```
        gameLoop = null;
        ctx.fillStyle = '#FFD700';
        ctx.font = '30px 楷体';
        ctx.textAlign = 'center';
          ctx.fillText(' 游戏结束！按空格键再续福缘 ', canvas.width/2, canvas.height/2);
        document.addEventListener('keydown', (e) => {
          if (e.code === 'Space') {
            snake = [{x: 10, y: 10}];
            dx = 0;
            dy = 0;
            score = 0;
            document.getElementById('score').textContent = ' 福气值 : 0';
            generateFood();
            startGame();
          }
        });
      }


      generateFood();
      startGame();
    </script>
</body>
</html>
```

这个版本的特点：

1. 中国红主题配色，使用渐变红色和金色搭配

2. 蛇身采用红色渐变效果

3. 食物设计为金色元宝造型

4. 计分系统称为"福气值"

5. 包含简单的吃食物音效

6. 游戏结束提示和春节主题文案

7. 支持无限循环穿越边界

8. 使用传统书法字体

9. 标题包含生肖蛇和龙的 emoji

10. 背景采用红色渐变

11. 重新开始使用空格键

玩法说明：

使用方向键控制蛇的移动

吃掉金色元宝增加福气值（分数）

蛇头碰到自己身体则游戏结束

按空格键可以重新开始游戏

蛇可以穿越边界到对面继续移动

将代码保存为 .html 文件后，用浏览器打开即可直接游玩。所有资源都内嵌在文件中，无须网络连接。游戏界面充满春节喜庆氛围，适合节日期间娱乐。

这时我们把上面的代码保存成本地的 HTML 文件，就可以用键盘的方向键玩这个由生成式 AI 编写的游戏了，图 3.20 展示了这个 HTML 游戏的截图。

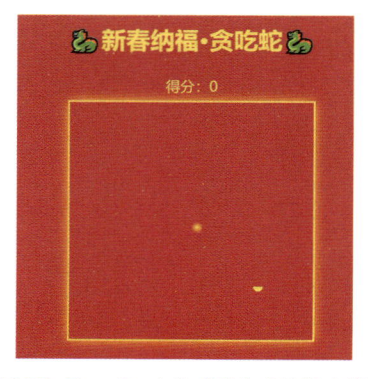

图 3.20 DeepSeek 生成的贪吃蛇游戏截图

3.8 对生成式人工智能的误解
3.8.1 盲目相信生成式人工智能的输出

生成式人工智能目前的功能确实非常强大，尤其是在文科领域，其生成的内容逻辑性强、没有错别字、符合标点符号使用规范，甚至比大部分人写出的文字都更有文采。然而，我们必须注意到生成式人工智能仍然存在幻觉的问题。所谓幻觉，是指大语言模型会"胡说八道"。例如，图 3.21 展示了 ChatGPT 早期版本中一本正经"胡说八道"的一个例子。

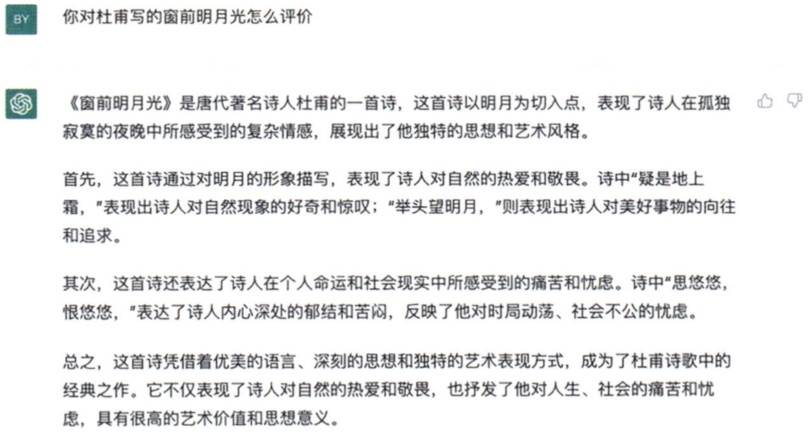

> **BY** 你对杜甫写的窗前明月光怎么评价
>
> 《窗前明月光》是唐代著名诗人杜甫的一首诗，这首诗以明月为切入点，表现了诗人在孤独寂寞的夜晚中所感受到的复杂情感，展现出了他独特的思想和艺术风格。
>
> 首先，这首诗通过对明月的形象描写，表现了诗人对自然的热爱和敬畏。诗中"疑是地上霜，"表现出诗人对自然现象的好奇和惊叹；"举头望明月，"则表现出诗人对美好事物的向往和追求。
>
> 其次，这首诗还表达了诗人在个人命运和社会现实中所感受到的痛苦和忧虑。诗中"思悠悠，恨悠悠，"表达了诗人内心深处的郁结和苦闷，反映了他对时局动荡、社会不公的忧虑。
>
> 总之，这首诗凭借着优美的语言、深刻的思想和独特的艺术表现方式，成为了杜甫诗歌中的经典之作。它不仅表现了诗人对自然的热爱和敬畏，也抒发了他对人生、社会的痛苦和忧虑，具有很高的艺术价值和思想意义。

图 3.21 ChatGPT 一本正经的"胡说八道"

当然，现在 ChatGPT 的新版本在很多中低难度的问题上已经回答得非常好，不太可能再出现上图这样的问题。不过，仍有必要提醒读者，生成式人工智能目前尚未发展到全知的程度，因此在某些场景下仍然会出现幻觉现象，也就是它生成的答案并不能保证百分之百正确。如图 3.22 所示，ChatGPT 的对话界面下方有一行小字："ChatGPT can make mistakes. Check important information."当然，其他国内外的同类产品也一样有幻觉问题。因此，对于一些重要场景中的内容，我们仍需要对大语言模型输出的内容进行溯源、核对、修改和人工润色。

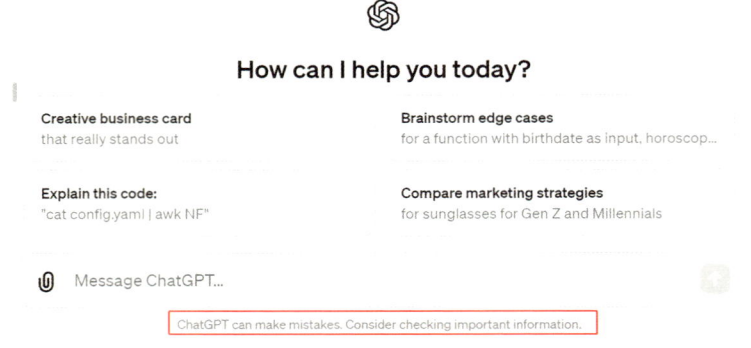

图 3.22 ChatGPT 提示其输出的内容可能有错

总之，纵有 AI 辅助，我们人类也不能丧失独立判断与思考的能力，无论现在还是未来，独立判断与思考的人才能主导 AI，否则就会被 AI 所主导。

3.8.2 对生成式人工智能不屑一顾

在人们的工作与生活中，有些人会觉得自己的工作任务难度大，生成式人工智能无法提供帮助，反而因为尝试使用这些工具，浪费了自己的时间。这或许与国内一些自媒体、短视频的过度夸大宣传有关系，很多自媒体、短视频一方面在宣传这些生成式人工智能产品功能非常强大，另一方面还宣传它们使用起来如何"无门槛"，以至于一部分用户在针对工作或生活中稍微复杂一点的任务使用这类产品时，发现效果很差，从而认为这些产品只能解决一些简易问题，不堪大用。其实这些用户完全可以重拾信心，尝试用我们前面提示词工程中提到的方法解决自己的问题，相信他们会有不同于以往的使用体验和收获。

另外，生成式人工智能也在不断进步，可能某些任务在之前无论使用何种方法也解决不好，但是过一段时间它就能正确地帮我们完成任务。例如，前一小节中有关 ChatGPT 幻觉的问题，一个月后当我再次询问 ChatGPT 时，它就已经能够非常准确地回答了，如图 3.23 所示。

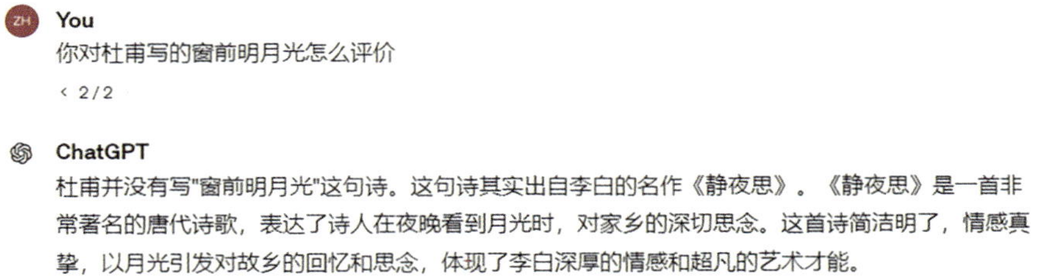

> **You**
> 你对杜甫写的窗前明月光怎么评价
> ‹ 2/2

> **ChatGPT**
> 杜甫并没有写"窗前明月光"这句诗。这句诗其实出自李白的名作《静夜思》。《静夜思》是一首非常著名的唐代诗歌，表达了诗人在夜晚看到月光时，对家乡的深切思念。这首诗简洁明了，情感真挚，以月光引发对故乡的回忆和思念，体现了李白深厚的情感和超凡的艺术才能。

图 3.23 ChatGPT 不断进步

总而言之，针对生成式人工智能这样划时代的技术，我们需要积极拥抱、不断尝试、养成习惯，并将其融入工作和生活中。

小结

在本章中，我们详细解析了生成式人工智能如何通过简化复杂的文案进行创作过程，大幅提高内容生产的效率。通过多个实际案例，展示了如何利用 AIGC 技术高效生成各类文案，并提供了应用这些技术的实用技巧。可以预见，随着这一技术的不断进步，未来文案创作将变得更加智能化和自动化，为各行各业带来更多的创新和可能性。掌握这些技术，不仅能让我们更高效地完成工作，还能为我们的创造力注入新的活力。

第四章

AIGC 图像生成

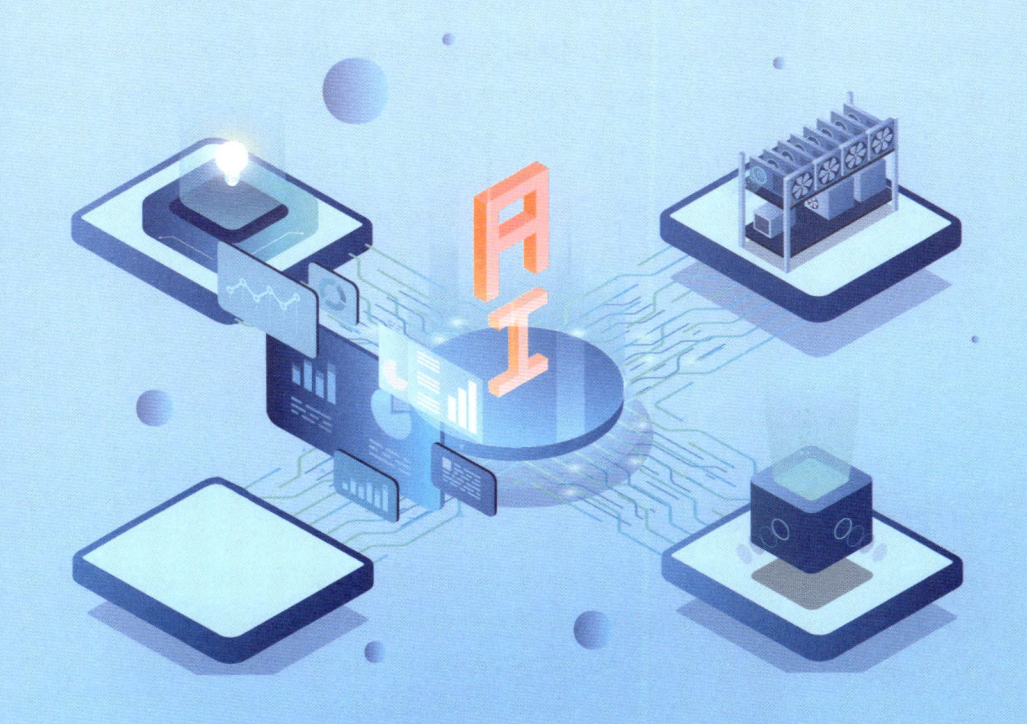

AI 图像生成技术作为人工智能技术，一直在 AIGC 内容生成技术领域中扮演着重要角色，AI 图像生成技术的实用性与广泛性，使其受到学术界与产业界的重要关注。近年来，在国内外已经产生了很多优秀的 AI 图像生成工具，且不断迭代出性能更强、生成效果更好的工具，极大拓展了图像生成技术的应用领域和发展前景。该技术已广泛应用在如广告、电商、设计、影视、游戏、元宇宙等领域，同时也越来越受到其他各界用户的广泛关注和使用。未来，AI 图像生成技术将会越来越智能化、个性化、多样化、实时交互化，同时也会与其他技术进行更加紧密的结合，以满足人们不断增长的创新需求与实际应用场景。

4.1 AIGC 图像生成技术原理

AI 图像生成技术的技术原理，主要是基于深度学习的人工智能技术；其工作原理主要基于神经网络，主要有生成对抗网络与扩散模型等。特别是生成对抗网络（Generative Adversarial Networks，GAN）技术，该技术可以生成高度逼真的图像。这些技术通过训练两个神经网络，即生成器网络（可生成新图像）与鉴别器网络（试图区分真假图像）。生成器网络学习如何从随机条件或给定参考条件中生成图像，而鉴别器网络则试图区分生成的图像与真实图像，通过这两个网络之间的协作，AI 可生成在内容与风格上与训练数据相似的图像。用户只需输入相应的文本关键词或指定参考条件，即可生成各种高质量的静态图像或动态图像。

4.1.1 AIGC 生成图像应用场景

AI 生成图像的应用场景十分广泛，尤其在游戏设计、广告创意设计、影视内容创作、建设辅助设计、电商视觉设计等各种领域。AI 生成工具在各种应用领域，可根据用户输入相应的关键描述词或者参考图等，生成与之相关的静态图像或动态图像。AI 生成工具可以快速生成设计图或概念图，还可以模拟不同艺术家的风格的创意作品，这种应用能为艺术家或设计工作者提供丰富的创意灵感，能更有效地发挥他们的创造力，进而提升他们的工作效率。

4.1.2 AIGC 生成图像发展前景及常用工具

尽管 AI 生成图像技术具有很大的潜力和发展前景，但仍然存在许多挑战和限制。例如，现有的数据集的质量和种类有限，特殊场景下的图像生成面临挑战，这可能需要更多的数据收集和更复杂的算法设计。同时，由于 AI 生成图像技术的特点，对于创作独特风格和创造力的需求仍然无法被完全替代，所以在艺术领域，人工创作仍然具有很大的价值。

根据 Fortune Business Insights 的报告，全球 AI 图像生成器市场规模预计将在 2030 年达到 9.17 亿美元，年复合增长率为 17.4%。AI 生成图像技术的发展更是给我们的生活带来了诸多便利。现在国内外相关的 AI 绘画工具非常多，有 Midjourney、6penArt、Stable Diffusion、DALL.E、通义万相、文心一格等各种工具。而 Midjourney 就目前而言，是一款强大的人工智能工具，旨在帮助设计师和创意人员完成各种设计任务，非常适合图像工作者。从 UI 设计到游戏角色创作，到影视创意原画设计，再到包装设计，有图像生成的地方就有它的一席之地。本章将重点通过 Midjourney 中文站 AI 工具，讲解 AI 图像生成的流程及技法。同时也为读者介绍通义万相、文心一格等 AI 生成图像工具的使用方法，希望能帮助广大的初学者快速入门。这些工具各有特色，用户可以根据实际工作需求选择合适的工具。

4.2 Midjourney 使用前的准备工作

Midjourney 是一款 AI 制图工具，只要输入关键字或者提供相关参考内容，就能通过 AI 算法生成相对应的静态或动态图像。它使用了最新的人工智能技术，可以非常轻松高效地帮助用户创作出高质量、逼真的数字图像作品。它主要提供了文字生成图像、图像生成图像、条件生成图像等不同功能的 AI 生成图像工具。Midjourney 目前有国际版与中文版，其中 Midjourney

中文版不仅在语言方面进行了汉化，更是在系统层面做了优化，例如操作台界面等，都更符合国人的使用习惯。Midjourney具有操作简单、高效、高度真实感与细节、创意无限、应用领域广泛等优势与特点，能令广大用户在实际应用场景中，更加高效地生成更多创意图像作品。

4.2.1 Midjourney 常用应用领域

Midjourney应用场景非常广泛，不仅在室内设计、建筑设计、广告设计、游戏设计、电商设计、影视创作等行业得到广泛应用，而且在AI形象设计、手机界面设计、LOGO设计、表情包创作、AI头像创作、漫画创作等诸多实际工作场景中得到充分应用，Midjourney工具会成为创作人的好帮手。

4.2.2 Midjourney 中文站注册流程

在网页浏览器输入网址"https://www.midjourny.cn/"，或百度官网进行搜索"Midjourney中文站"，点击进入界面，在界面右上角点击注册/登录按钮，如图4.1所示。

图 4.1　Midjourney 中文站官网首页

在注册/登录界面，可使用手机号、微信进行注册/登录，如图 4.2 所示。

图 4.2 注册/登录界面

注册并登录成功后，进入 Midjourney 平台可创作界面，如图 4.3 所示。

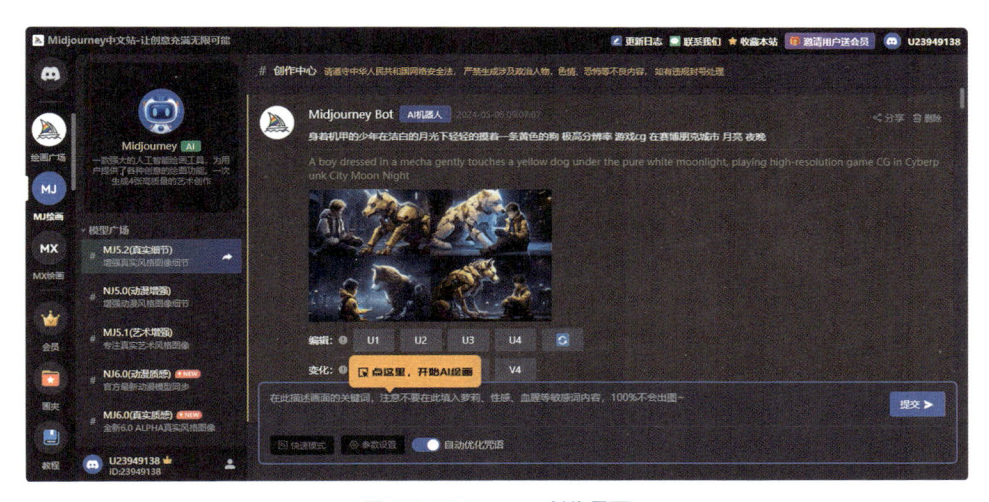

图 4.3 Midjourney 创作界面

随着 Midjourney 持续迭代升级，会不断更新越来越多愈加强大的功能，帮助广大用户生成更高效、越来越丰富的创意作品。

4.3 Midjourney 基础操作流程

Midjourney 主界面主要包含左侧绘画广场、MJ 绘画、MX 绘画、AI 视频、会员、画夹、教程，右上角的个人资料设置、更新日志、登录与退出等设置，右侧操作及观察界面。除了主界面各功能之外，Midjourney 主要通过文生图、图生图、条件生图等多种绘图功能生成高质量的静态图像或动态图像。

图 4.4　绘画广场

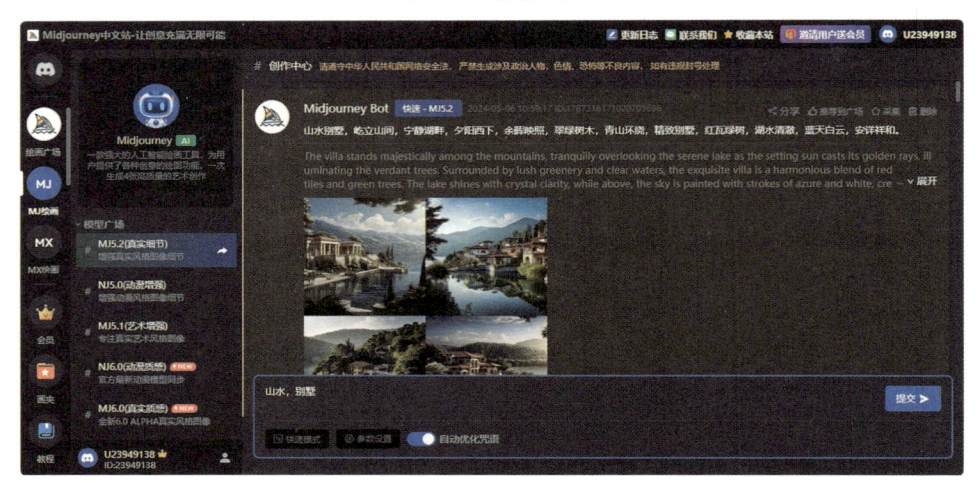

图 4.5　MJ 绘画

图 4.6　MX 绘画

图 4.7　画夹

图 4.8　教程

4.3.1 文生图操作流程

1. 切换到 MJ 绘画模式面板

选择 Midjourney 左侧面板，切换到 MJ 绘画模式，通过模型广场，选择 MJ6.0（真实质感），通常版本越高，生成的图像内容质量越好。但大家也可以根据自身需求，选择不同版本进行操作。通过输入"五一劳动节"相关提示词，生成的图像，如图 4.9 所示。

图 4.9　通过提示词生成的图像及操作面板截图

2. 输入关键词生成图像

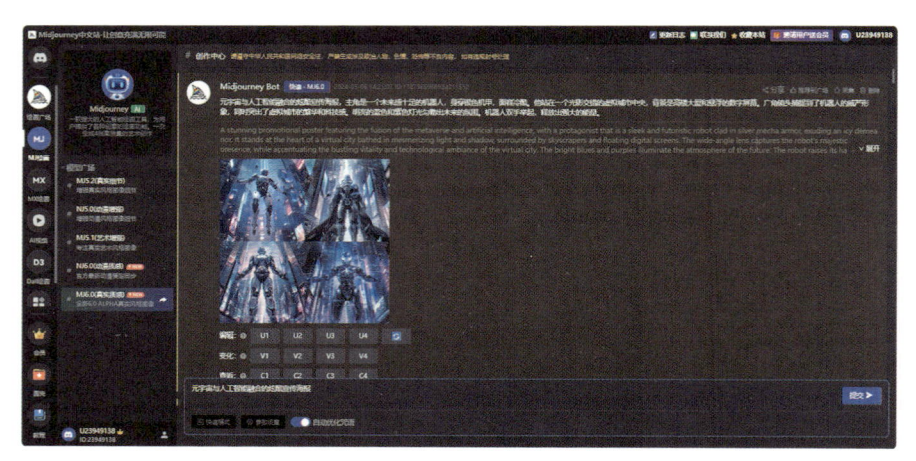

图 4.10　AI 生成的四张图像及操作面板截图

切换至MJ绘画模式，在文本对话框，输入相关的描述关键词，如输入"元宇宙与人工智能融合的炫酷宣传海报"，点击"提交"按钮，等待生成图像，每次提示词部分，会根据输入的关键词，自动优化并生成一段新的提示词，并默认自动生成四张图像，如图 4.10 所示。

3. 生成图像显示方式及编辑

鼠标左键单击生成的图像，可以进行放大显示操作，更直观地查看生成的四张图像，并可通过显示画面，从下面编辑框对图像进行如放大/缩小显示、全屏显示、旋转图像、下载保存生成等相关操作，右上角"X"键可关闭显示的图像，如图 4.11 所示。

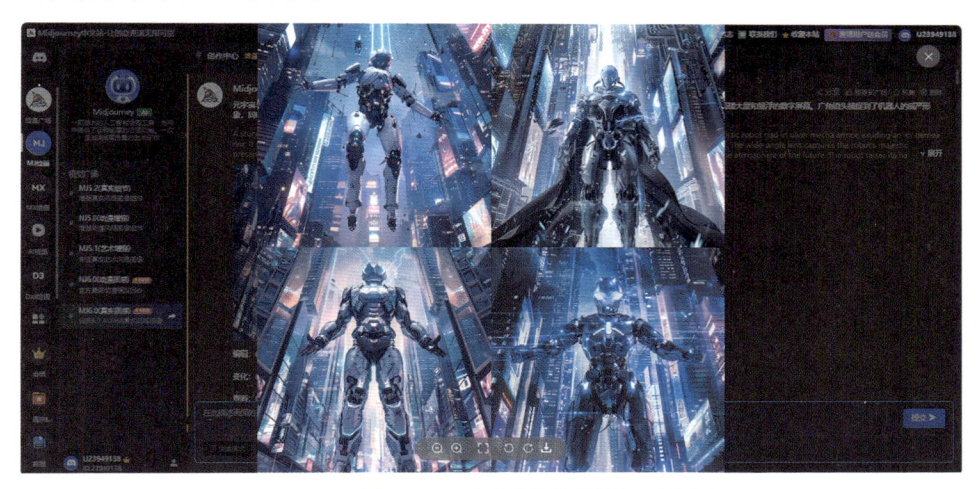

图 4.11 放大显示 AI 生成的图像及操作面板截图

4. 生成图像编辑参数设置

生成的图像下方有编辑功能栏，分别有"U1、U2、U3、U4、刷新"五个编辑选项，如果选择"刷新"按钮，则表示在描述关键词一样的情况下，会随机再生成四张新图像，如图 4.12 所示；如果选择"UI"，则表示在原来生成的第一张图像基础上，可进行细节微调（强）如图 4.13 所示，细节微调（弱），局部重绘，放大 2X 至 4X，或进行上下左右扩展内容，如图 4.14 所示。

125

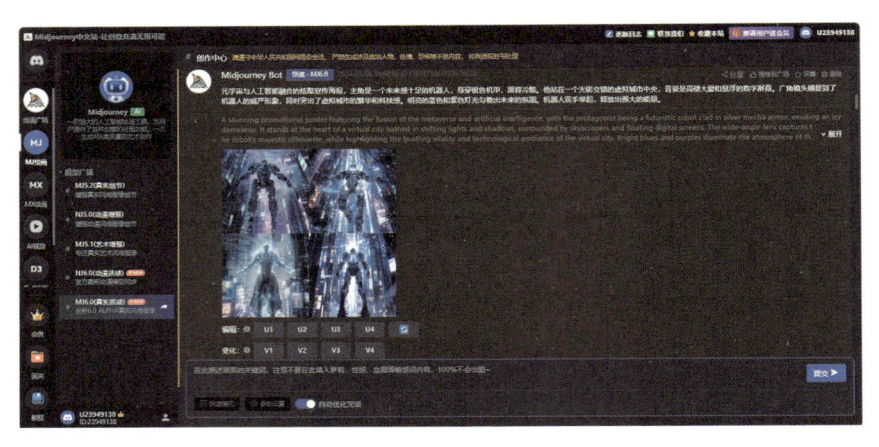

图 4.12 随机再生成的新图像及操作面板截图

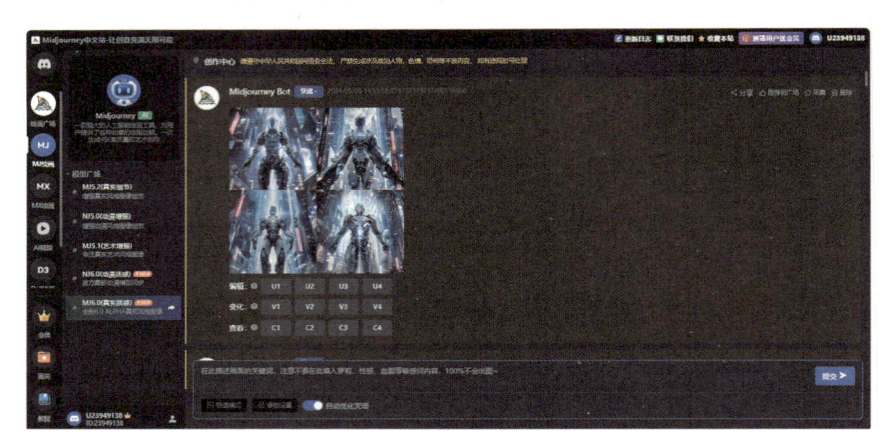

图 4.13 根据 U1 再生成的新图像及操作面板截图

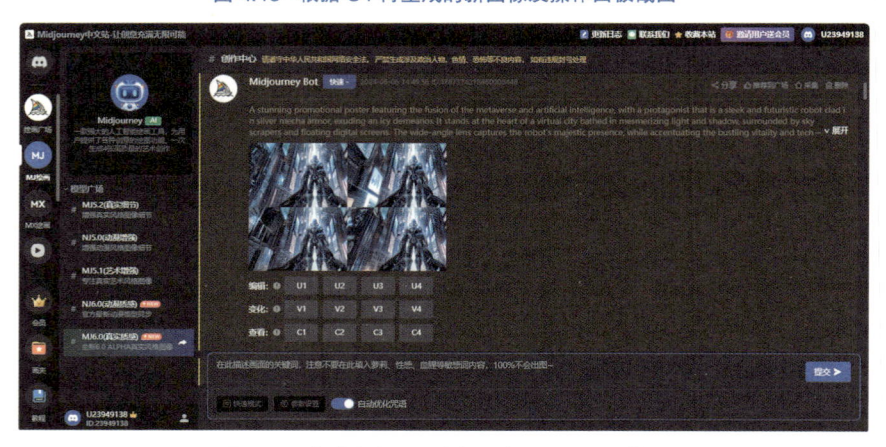

图 4.14 生成左右扩展的新图像及操作面板截图

5. 生成高清图像及保存

选择生成的图像，在放大选项里设置放大 4X，等待最终生成图像后，左键点击图像，选择保存图像，即可获得最终效果的高清图像，如图 4.15 所示。

图 4.15　生成放大 4X 的新图像及操作面板截图

6. 查看生成图像及保存

选择生成的图像，通过查看选项 C1、C2、C3、C4，分别对应生成的四张图，具体需要选择哪一张图像，可先通过全屏查看并选择后，再点击下载保存图像，如图 4.16 所示。

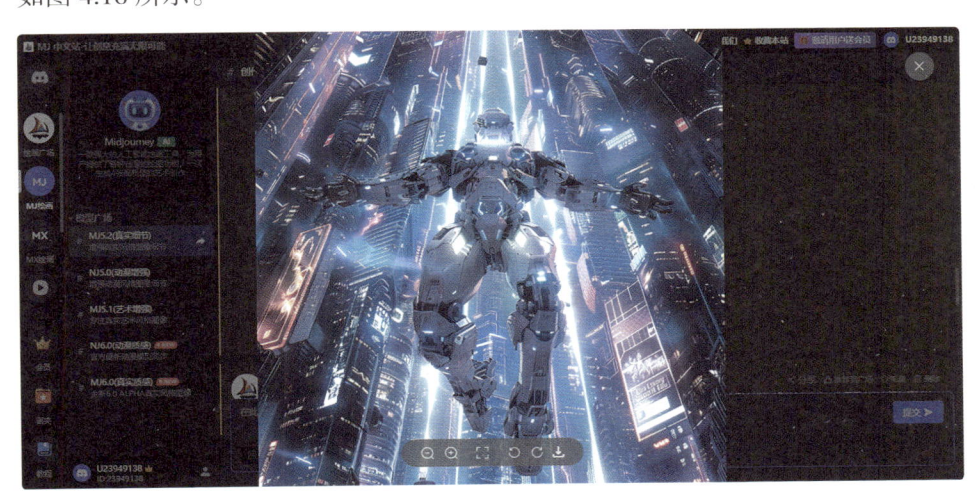

图 4.16　全屏放大后选择的图像及操作面板截图

通过对 Midjourney 文生图基础操作流程的了解，用户可各自生成一幅 AI 文生图作品，并通过操作界面中的编辑、变化、查看等工具，编辑出更丰富的 AI 文生图作品。

4.3.2 图生图操作流程

1. 切换到 MX 绘画模式

图 4.17　图生图功能操作面板截图

在 MX 绘画模式下，切换至"图生图"操作界面，界面主要包含绘画描述、图像选择、模型选择、生成尺寸、绘图模式等操作功能选项。首先在"图像选择"

图 4.18　选取的参考图操作面板截图

选项，鼠标左键单击"上传风格图像"，如图4.17所示。在弹出的对话框中，选择本地电脑上保存的图像（注意只能上传jpg或png文件，且文件大小不得超过10MB），点击"打开"按钮，如图4.18所示。

2. 图像选择面板参数设置

图4.19　风格强度为50%时生成的图像及操作面板截图

根据上传的风格图像，可调节风格图强度，强度值为0—100%，强度值越低，生成的图与图像差别越大，反之强度值越高，越与图像接近，用户可根据实际需求，设置不同强度值生成的图像效果。设置强度为50%时生成

图4.20　锁定人脸特征后生成的操作面板截图

的图像效果，如图 4.19 所示。"锁定人脸特征"默认为关闭状态，开启后生成的图像效果，如图 4.20 所示。

3. 模型选择面板参数设置

模型选择面板主要包含推荐、生肖年限定、人物、风景、商业、设计、国风等不同主题风格的各种模型，每种主题风格下又包含很多细分的风格。如图 4.21 所示，选择人物主题风格下的 3D 人物风格。

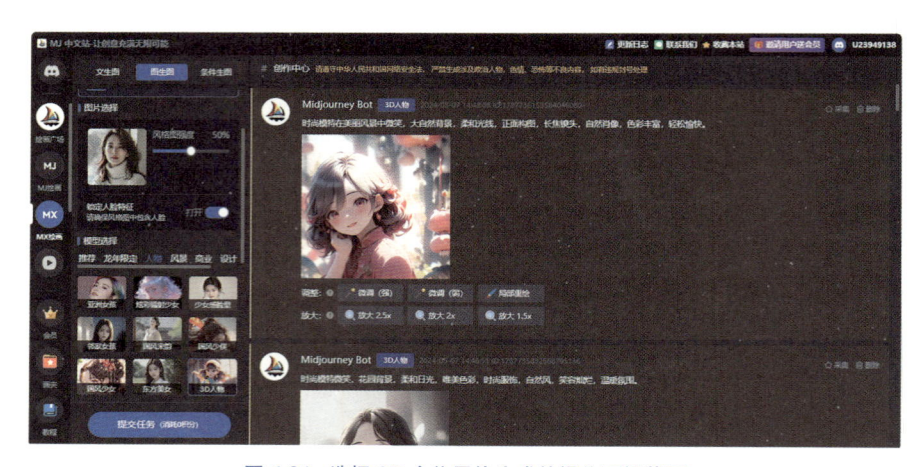

图 4.21　选择 3D 人物风格生成的操作面板截图

4. 生成尺寸面板参数设置

生成尺寸面板可设置参数，主要包含头像框、手机壁纸、电脑壁纸、宣传海报、

图 4.22　设置头像框操作面板截图

文章配图、媒体配图、横板名片、小红色图等，选择不同类型，图像长宽比不同，用户可以根据实际工作需求，提前设置生成尺寸图像长宽比，如图4.22所示。

5. 绘图模式面板参数设置

绘图模式面板可设置单图模式与四图模式，用户根据实际需求，设置绘图模式，如图4.23所示。

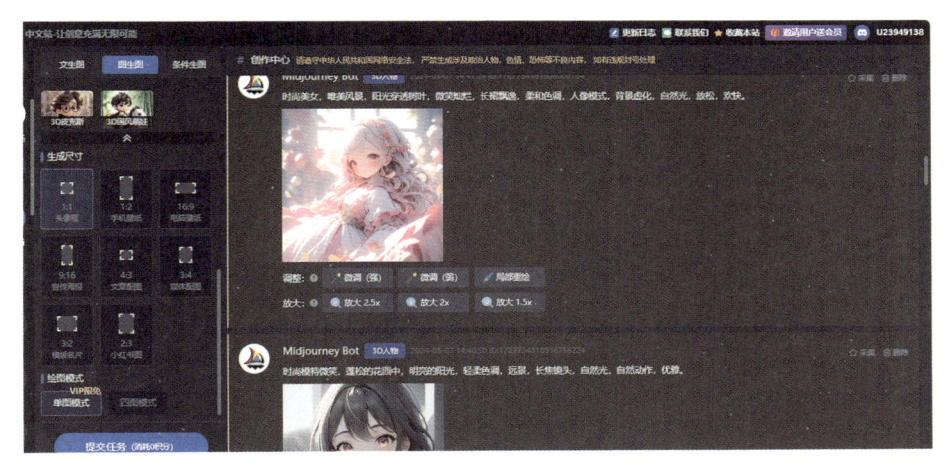

图 4.23　设置绘图模式操作面板截图

6. 绘图描述面板参数设置

根据上传的风格图像，可在绘图描述面板输入关键词，使得生成的图像

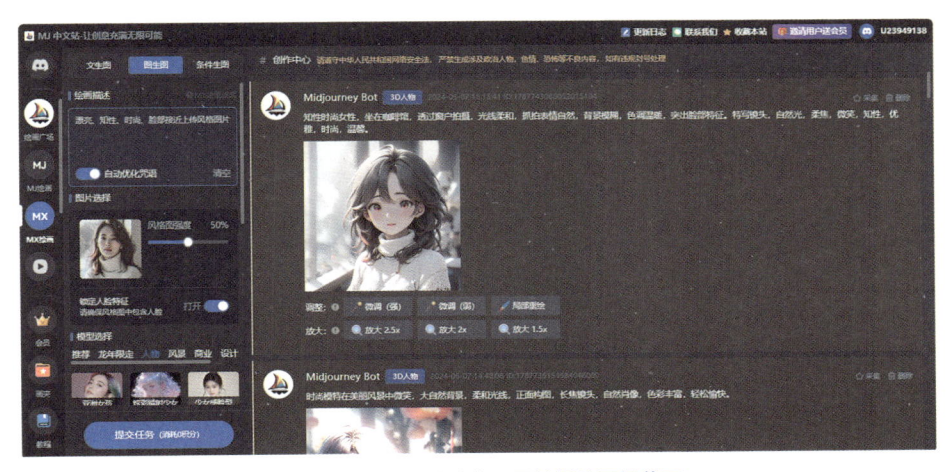

图 4.24　开启自动优化设置的操作面板截图

131

在原始上传的风格图像基础上,进行二次 AI 生成创意图像,并根据实际需求,添加绘图描述关键词。接着考虑是否关闭"自动优化咒语"选项,默认为开启状态,表示在添加的关键词上,进行 AI 自动优化;手动关闭后,则不自动优化关键词,如图 4.24 所示。"图生图"生成的 AI 图像,同样可进行图像调整与放大的相关操作。

4.3.3 条件生图操作流程

1. 切换到条件生图面板并上传参考图

在 MX 绘画模式下,切换至"条件生图"操作界面,主要包含上传参考图(必填)、条件控制 –ControlNet、正向提示词 –Prompt(选填)、通用底模 –Checkpoint、融合风格 –Lora、高级参数、绘图模式等操作工具选项。鼠标左键单击"上传参考图"面板的"+",在弹出的对话框中,选择参考图,并点击"打开",完成参考图的上传,如图 4.25 所示。

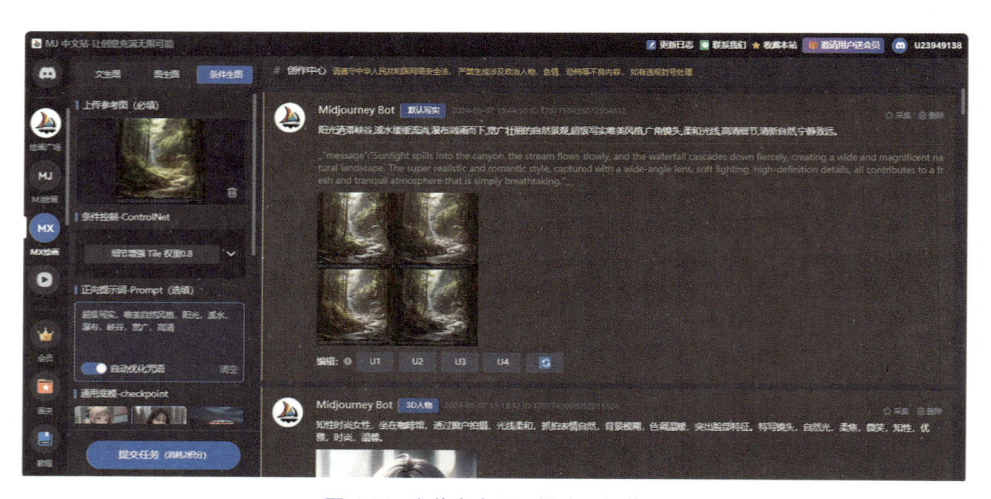

图 4.25　上传参考图及操作面板截图

2. 条件控制 –ControlNet 面板参数设置

鼠标左键单击条件控制 –ControlNet 面板下的"添加条件模型",在弹出的对话框可设置条件预处理器选择,最多可添加两个指定条件控制模式,可设置不同权重值，如图 4.26 所示。

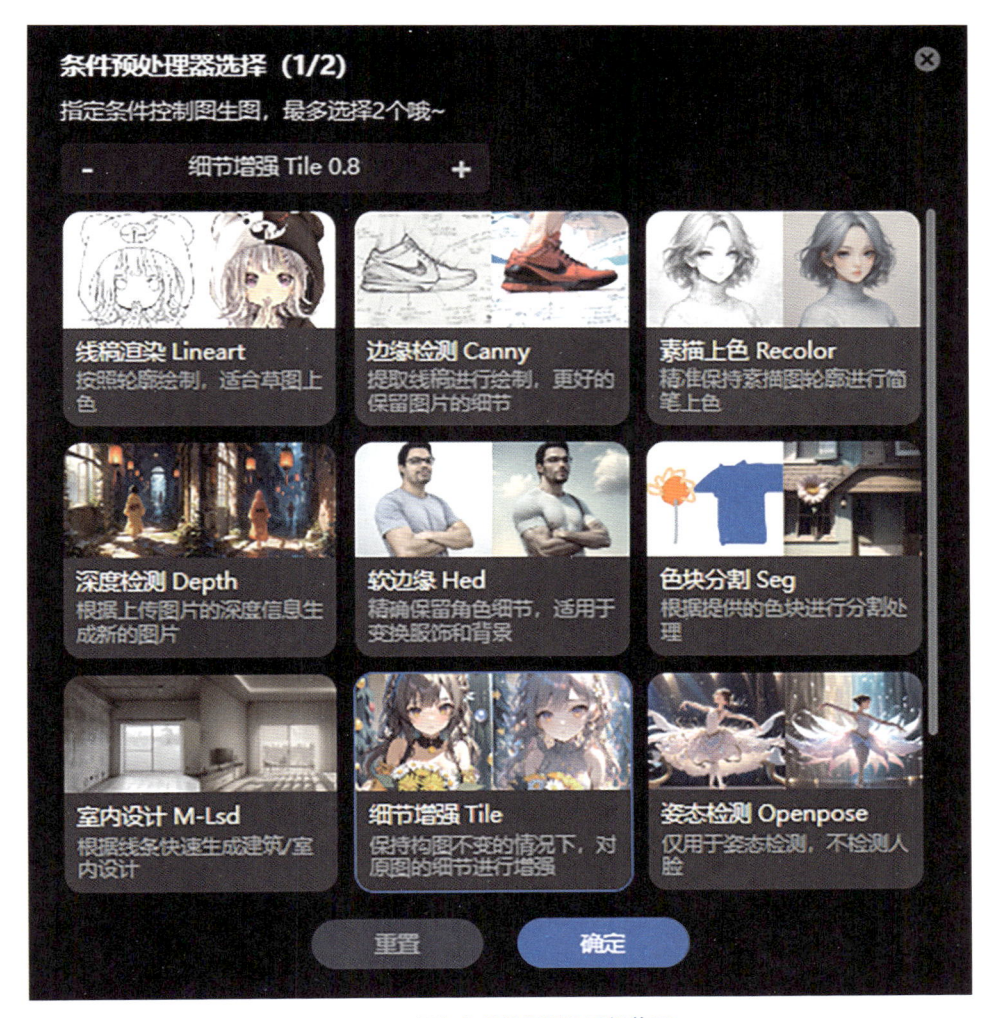

图 4.26　添加条件模型操作面板截图

3. 正向提示词 –Prompt 面板参数设置

根据上传的参考图，可在正向提示词 –Prompt 面板输入关键词，使得生成的图像在原始上传的参考图基础上，进行二次 AI 生成图像，用户各自根据实际需求，添加正向提示词，并考虑是否关闭"自动优化咒语"选项，如图 4.27 所示。

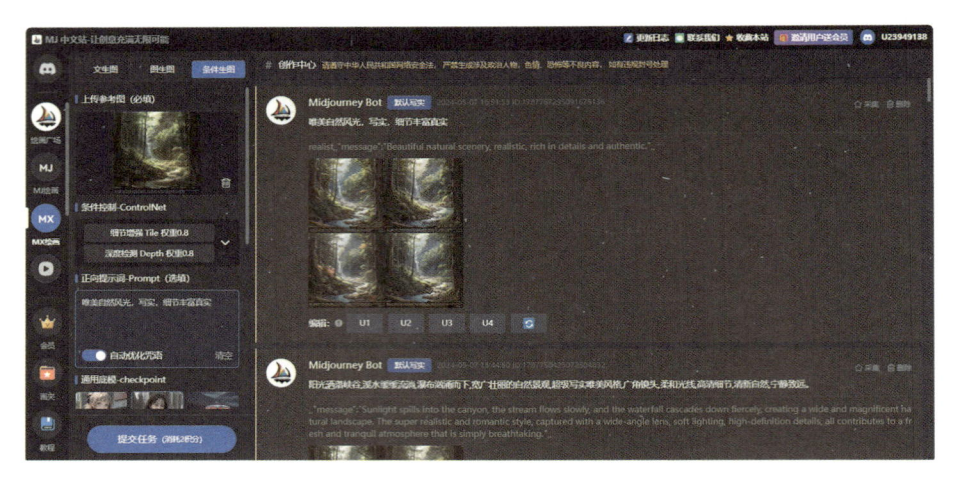

图 4.27 正向提示词 –Prompt 面板截图

4. 通用底模 –Checkpoint 面板参数设置

在通用底模 –Checkpoint 面板，可选择动漫、写实、3D 三种不同底模类型，可根据自身需求，选择其中一种通用底模类型，如图 4.28 所示。

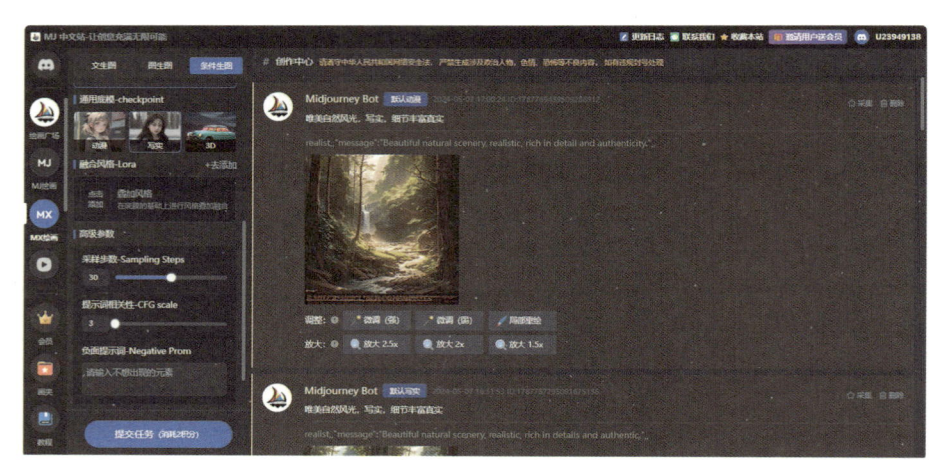

图 4.28 通用底模 –Checkpoint 面板截图

5. 融合风格 –Lora 面板参数设置

在融合风格 –Lora 面板，用户可根据自身需求在主模型基础上融合不同风格（注意不要融合太多风格或权重比例设置太高，容易造成崩图），如图 4.29 所示。

图 4.29　融合风格 –Lora 面板截图

6. 高级参数面板参数设置

在高级参数面板，可设置采样步数 –Sampling Steps、提示词相关性 –CFG scale、负面提示词 –Negative Prom 共三个选项，用户可根据实际需求进行设置并生成图像进行对比，注意采样步数越高，生成的图像越细致，但设置太高容易造成崩图，如图 4.30 所示。

条件生图模式下生成的 AI 图像，同样可进行调整与放大的相关操作，相较文生图及图生图模式，条件生图模式下，可融合的风格与设置的参数更丰富多样，能生成更精致的图像。

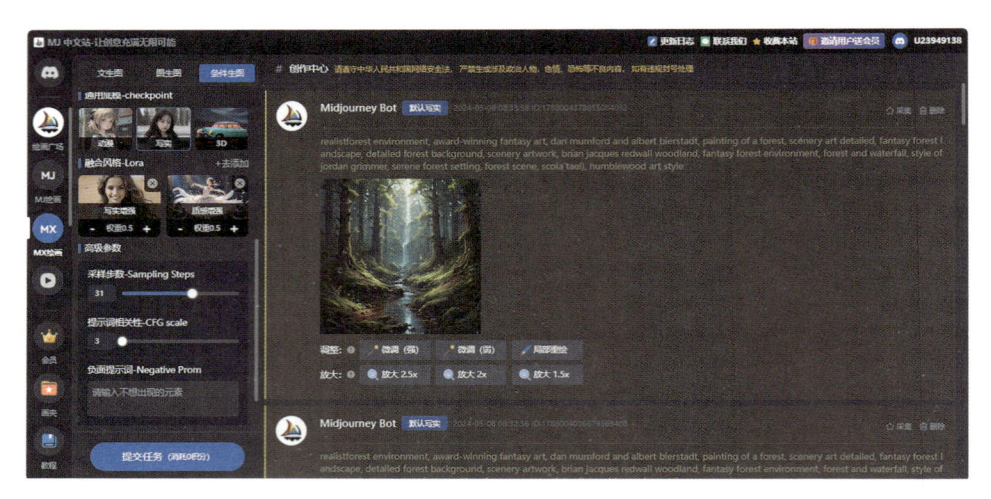

图 4.30　高级参数设置面板截图

4.3.4 AI 文生视频操作流程

1. 文生视频面板参数

切换到 AI 视频生成面板，主要包含文生视频、图生视频两种模式选项，首先切换至"文生视频"操作界面，主要包含描述你的视频场景、选择模型、风格选择、生成尺寸、视频时长等功能，如图 4.31 所示。

图 4.31　文生视频功能面板截图

2. AI 视频文字描述场景

切换到文生视频界面，在"描述你的视频场景"面板对话框中输入视频场景相关的文字描述，主要包含主体、场景、动作等相关描述关键词，AI 会一键生成并自动优化场景文字描述内容，选择提交任务，默认会生成时长为 3 秒的视频，如图 4.32 所示。

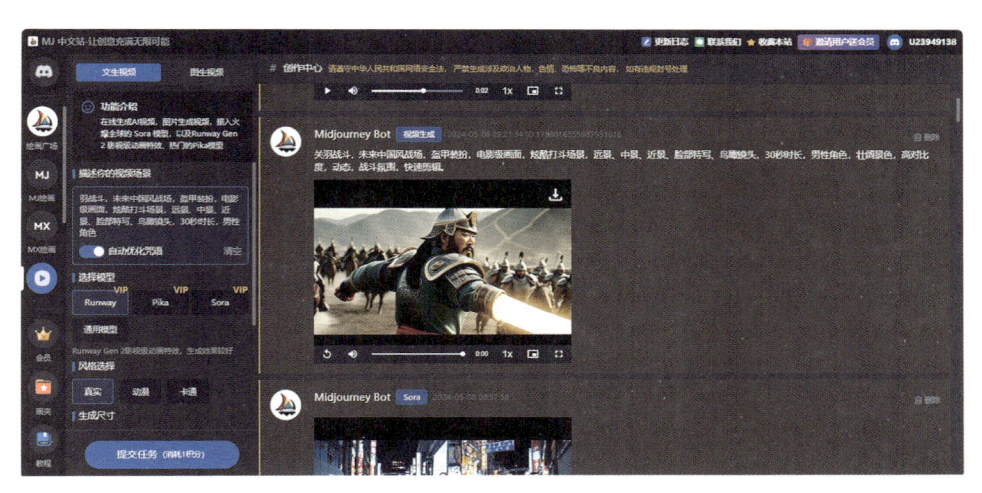

图 4.32 文生视频及描述你的视频场景功能面板截图

3. AI 视频面板选择模型

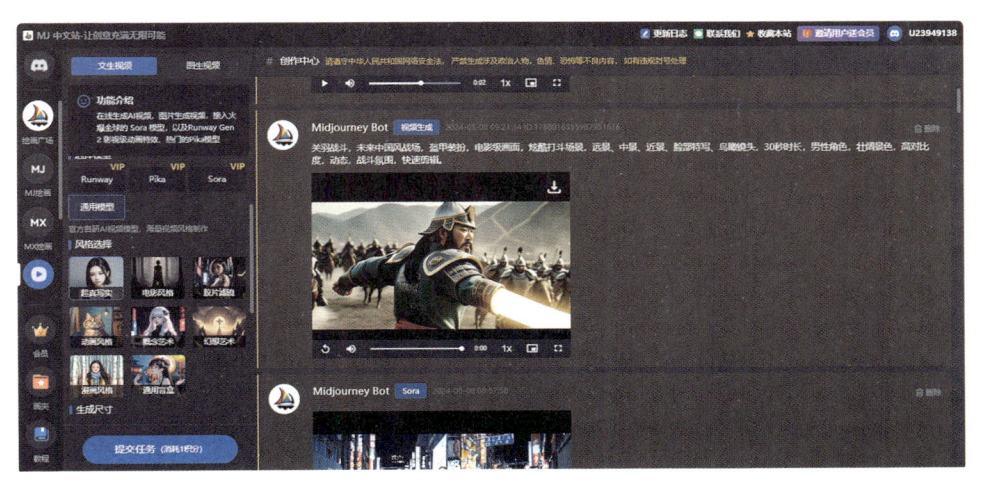

图 4.33 文生视频及选择模型功能面板截图

在文生视频界面的"选择模型"面板，可选择 Runway、Pika、Sora 通用模型等几种模型，其中 Runway、Pika、Sora 为 VIP 选项，普通用户选择通用模型即可，通用模型工具下，可选择的风格有超真写实、电影、胶片滤镜、动画、概念艺术、幻想艺术、漫画、通用盲盒等风格模型，如图 4.33 所示。

4. Runway 模型面板风格选择

在选择模型"Runway 模型"模式下，风格选择工具设置内容，主要有真实、动漫、卡通三种类型，大家可根据需求，选择不同风格，例如描述视频场景为中国生肖龙，选择动漫风格，生成视频，如图 4.34 所示。

图 4.34　文生视频及 Runway 模型功能面板截图

5. 生成尺寸、视频时长与画质选择等编辑

图 4.35　文生视频及生成尺寸功能面板截图

在文生视频界面，生成尺寸工具面板，主要分为1∶1、16∶9、9∶16、4∶3、3∶4这几种常见视频尺寸比例。视频时长工具面板如果在通用模型选项下，有3秒和6秒两种选项，画质分为普通与高清，此外还有运动幅度设置。如果在Runway模型选项下视频时长为4秒，在Pika模型下视频时长则为3秒，例如选择通用模型，运动时长为6秒，画质选择高清，运动幅度参数为8，如图4.35所示。

在文生视频面板，在线AI生成视频工具接入火爆全球的Sora模型，以及Runway Gen 2影视级动画特效、热门的Pika模型。但文生视频时长以及画面还需持续迭代升级，期待文生视频工具越来越强，能帮助大家生成更多优质视频作品。

4.3.5 AI图生视频操作流程

1. 图生视频面板参数

切换到AI图生视频操作界面，主要包含上传图像、描述视频场景、选择模型、视频时长等功能，如图4.36所示。

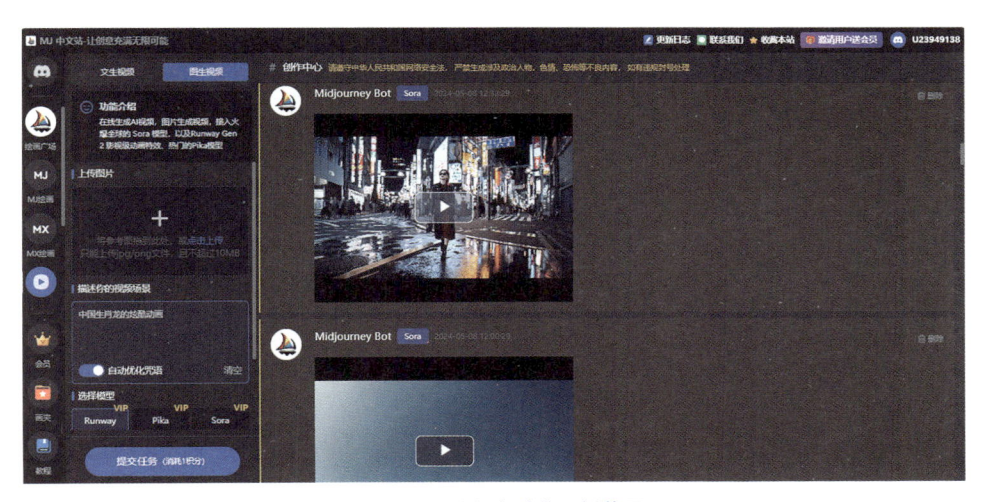

图4.36 图生视频功能面板截图

2. 上传图像操作设置

切换到 AI 图生视频操作界面，在上传图片面板，鼠标左键点击"上传图片"（注意只能上传 jpg/png 文件，且文件大小不超过 10MB），选择需上传的图像，点击"确定"，如图 4.37 所示。

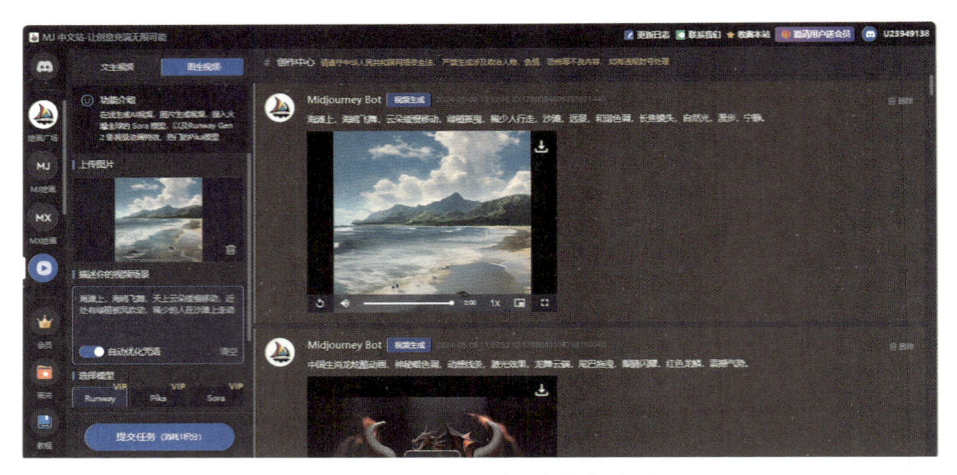

图 4.37　图生视频及上传图片功能面板截图

3. 图生视频文字描述场景

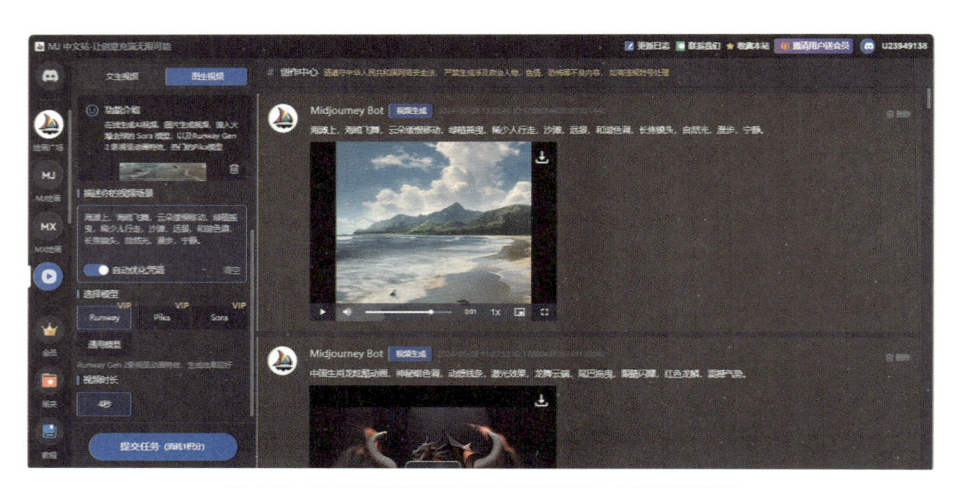

图 4.38　图生视频及描述视频场景关键词功能面板截图

切换到图生视频界面，在"描述你的视频场景"面板对话框中输入视频场景相关的文字描述，包含主体、场景、动作等相关描述关键词，AI 会一键生成并自动优化场景文字描述内容，选择提交任务，默认会生成 4 秒时长的视频，如图 4.38 所示。

4. 图生视频选择模型与视频时长设置

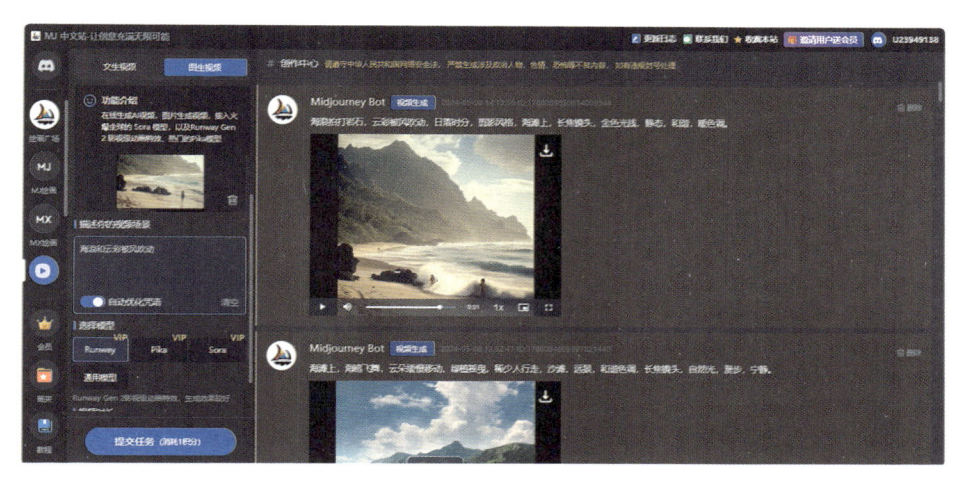

图 4.39　图生视频及选择通用模型功能面板截图

切换到图生视频界面，在选择模型工具面板，可选择 Runway、Pika、Sora 通用模型等几种类型，其中 Runway、Pika、Sora 为 VIP，普通用户可选择通用模型，如图 4.39 所示。如果选择 Runway 模型，视频时长固定为 4 秒，如果选择通用模型，视频时长可选择为 3 秒与 6 秒两种方式，且可设置运动幅度，如图 4.40 所示。

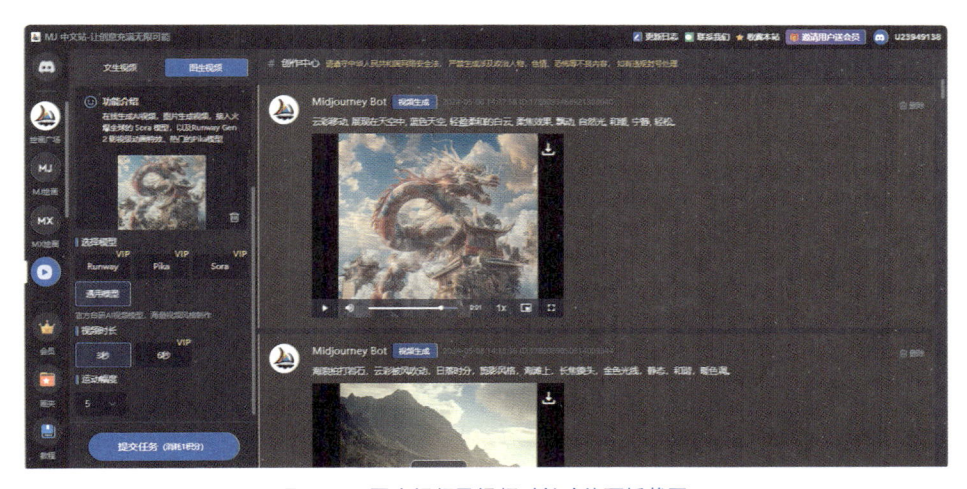

图 4.40　图生视频及视频时长功能面板截图

4.3.6 画夹面板工具介绍

图 4.41　画夹功能面板截图

切换至画夹工具面板，包含我的创作、我的画夹、我的订阅三部分。默认在我的创作面板下，会显示在 Midjourney 平台上创作的全部作品，也可以浏览 MJ 绘画与 MX 绘画的不同分类作品，并对作品进行下载、采集、删除的操作，如图 4.41 所示。

4.3.7 教程面板介绍

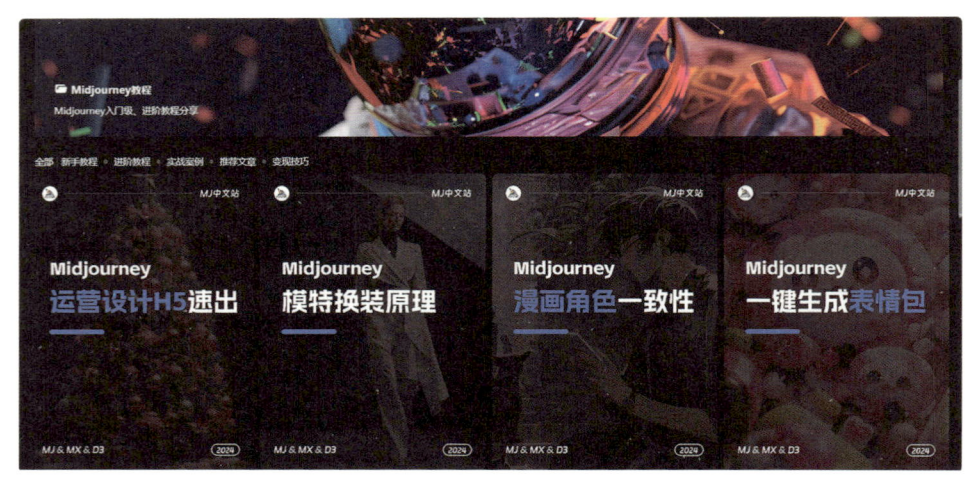

图 4.42　教程功能面板截图

切换至教程面板，会自动切换到 Midjourney 教程页面，用户可根据各自需求选择新手教程、进阶教程、实战案例、推荐文章等相关内容，进行鉴赏与持续迭代学习，如图 4.42 所示。

4.4 Midjourney 进阶操作技法

通过第三节的学习，可以基本掌握 Midjourney 生成图与视频的基础操作方法，但要想得到高质量的 AI 图像，还需要掌握更多进阶的操作技法。本节将通过讲解常用实用参数、优质关键词描述、局部重绘控制等各种进阶技巧，使读者在技术上进一步提升，在实际工作场景中生成更高质量的 AI 图像。

4.4.1 Midjourney 常用关键词描述句式

图 4.43　根据模板式关键词描述生成的图像效果及面板截图

Midjourney 工具是一种 AI 扩散模型，能创造出惊艳的 AI 图像，核心技巧之一就是有效关键词的描述，如【主题】+【参考素材】+【环境】+【构图】+【灯光】+【艺术风格】+【氛围】+【细节描述】等详细且多维度描述关键词，形成常用模板式描述关键词，从而生成更加优质的 AI 图像，例如关键词描述"一对年轻中国情侣（主题）、小湖边（环境）、人视近景（构图）、阳光透过树影（灯光）、超级写实（艺术风格）、初夏中午（氛围）、

143

温馨美好画面（氛围）、唯美景色（氛围）、树木不多（细节）、岸边有石头花草（细节）、高清图像（细节）"生成的图像，如图 4.43 所示。

4.4.2 Midjourney 优质关键词的借鉴与创新

图 4.44　根据优秀作品关键词借鉴与创新生成的图像效果

图 4.45　通过关键词借鉴生成的别墅相关 AI 图像及界面截图

Midjourney 中文站的绘图广场，分享了各种优质的 AI 图像，用户可以在欣赏优质图像的同时，借鉴他们的关键词描述，并结合自身实际需求，进行二次创新，例如选择绘图广场里面的一幅 AI 作品，关键词描述为"转角 270 度阳台、花草丛生、植物园风格、农场氛围、电影质感、宽幅画面、中景、长焦镜头、自然光、静态、绿色调、宁静"，画面效果如图 4.44 所示。我们根据该关键词描述，将主题改为欧式现代别墅外观，风格改为欧式园林，构图改为中景广角镜头，氛围改为暖色调，生成非常优质的欧式现代别墅 AI 图像效果，如图 4.45 所示。

4.4.3 Midjourney 常用关键词分类与推荐

要提升生成优质 AI 画作的质量，除了要掌握句式与借鉴以外，还需要掌握常用优质关键词，表达意思相似时，输入关键词让 AI 识别的效果区别很大，结合 Midjourney 中文站积累的常用优质关键词，并根据主题、风格、媒介等参考综合进行分类与提炼，大致可分为风格（见表 4.1）、场景（见表 4.2）、视角（见表 4.3）、色系（见表 4.4）、材质（见表 4.5）、灯光（见表 4.6）、大师（见表 4.7）、建筑（见表 4.8）、布局（见表 4.9）、时尚（见表 4.10）、国风（见表 4.11）、影游（见表 4.12）、人像（见表 4.13）等不同类型及场景相关推荐提示词。除了以上提升画面质量的关键词，还有例如高细节、高品质、高分辨率、全高清、2K、4K、8K、杰作等常用关键词，相信 Midjourney 后续会持续更新更多优质关键词，供用户写关键词时，产生更多优质创意 AI 画作。

表 4.1 风格推荐关键词列表

风格——推荐关键词								
动画艺术	抽象派	巴比特	日本海报	超扁平	吉卜力	新艺术风格	波普艺术
宫崎骏	极简主义	毕加索	超现实主义	赛博迪利克	中国水墨	蒸汽波	摄影纪实
日本墨水	油画	蒙德里安	中式宣传画	剪纸工艺	—	标志	虚幻引擎
OC 渲染器	蓝图	衍缝纸	数码绘画	水墨插画	三维	涂色书	未来主义
解剖学绘图	手绘涂鸦	伏尼切手稿	电影风格	凡·高	风格派	海报风格	新海城风格
卡通	黑光	迪士尼	皮克斯	粗犷主义	毛线制成	漫画	浮世绘
黏土	构建主义	蒸汽朋克	一八零零	拜占庭	珐琅徽章	宣传海报	山田章博

续表

风格——推荐关键词							
旷野之息	低模	水彩儿童画	点彩派	包豪斯风格	一九八零	平面复古	水彩
折纸	斯格格勒斯	合成波	水粉画	漫威漫画	几何风格	文艺复兴	抽象表现主义
上古卷轴	单线图	彩色玻璃	尼克斯爆炸	光绘	点状风格	英雄联盟	达达风格
照片写实	印刷风格	衔缝艺术	跑跑姜饼人	平面小说	街头涂鸦风格	滴漆艺术	拼布拼贴画
喷漆风格	炭色风格	莫奈	欧普艺术	色度风格	粉彩	漫画书	库波卡
扁平风格	曼陀罗风格	文身艺术	达·芬奇	副岛日记	赛博朋克	油漆滴落	贴纸
日本版画	维多利亚	波尔卡风格	通感艺术	暗黑复古	宝可梦风格	蚀刻	古代
二维插图	素描	法国艺术	游戏场景图	梅卡巴风格	霓虹风格	酸性电子	解剖学
局部解剖	纤维素	酸妖艺术	日记本风格	粉笔画	像素风格	分形艺术	创风格

表 4.2　场景推荐关键词列表

场景——推荐关键词							
办公室	干净背景	商场	废弃城市群	赛博空间	雨天背景	羽毛球馆	充满阳光
游戏厅	游乐场	反乌托邦	医院	卧室	机场	家庭办公室	教室
火车站	舞厅	废墟	电梯里	赌场	厨房	游泳池	冰川
冰山	森林	近未来城市	奇幻森林	热带雨林	冬季森林	赛博朋克城	雪山
大草原	未来城市	酒吧	海滩	天空	街景	草原	海底
沙漠	湖泊	草地	网球场	未来都市	杂草丛生	月球景观	珠穆朗玛峰
北极背景	图书馆背景	农田	熔岩洞穴	鬼屋森林	超现实风景	自由女神	城市
小吃街	魔法花园	黑洞	雨林	启示录荒野	瀑布	梦境	城堡内部
教堂	长城	另一世界	暗黑地牢	手扶梯	末日城市	热带天堂	美术馆
沼泽地	幻想	水晶洞穴	迷失废墟	花田	果园	埃菲尔铁塔	荒野
冰雪王国	空中花园	外星地貌	宇宙	星云	星空夜景	峡谷	足球场
中世纪城堡	梦幻云彩	泰姬陵	山脉	炼金室	河口	工业城市	银河
隧道	城市公园	金字塔	巴比伦花园	水下洞穴	歌剧院大厅	月球空间	时空隧道
疯狂麦克斯	雨天	魔法城堡	校园	外星球	洞穴	—	—

表 4.3　视角推荐关键词列表

视角——推荐关键词							
极限特写	并列构图	胸部以上	全身	半身	腰部以上	侧身	室外看室内
头部特写	正视	DSLR 拍摄	卫星图像	人物视角	微观视角	倾斜视角	对角线构图
径向构图	航拍视角	七分身	鱼眼视角	消失点构图	低角度	宽景	居中构图
长焦拍摄	360° 全景	主观视角	三分法构图	全景	远景透视	虚化	特写
俯视	鸟瞰	对称构图	超广角	汇聚线构图	孤立构图	黄金比例构图	等距视角
顶视图	微距	第一人视角	仰视视角	非对称构图	—	—	—

表 4.4　色系推荐关键词列表

色系——推荐关键词							
白黄	黑金	金银	白绿	奢华金	粉彩色	象牙白	黑白
白红	米色	白金	粉白	白	白紫	莫兰迪色	珊瑚色
枫叶红	绿松石	水绿	红	自然绿	丹宁蓝	紫罗兰	玫瑰金
亮黑	酒红	绿野仙踪	樱桃	粉	橙色	时尚灰	宝宝蓝
橄榄绿	芥末黄	稳重蓝	土耳其蓝	黄	天蓝	靛蓝	黑
暖棕	浅绿	深蓝	深栗	浅青	艳蓝	柠檬黄	暗黄
艳棕	浅橙	天空蓝	艳粉	深红	艳橙	浅蓝	柔粉
秋日棕	艳柠檬绿	洋紫荆	蒸汽波	钛	沃霍尔	霓虹	镭射糖果纸
约翰·哈里斯	马蒂斯	凡·高	大卫·霍克尼	波普色	彩虹色	基恩·哈林	日落渐变
蓝绿	水晶蓝	深棕	紫红	红绿	红黄蓝	黑紫	绿紫
紫黄	蓝黄	经典黑白红	红黑	黑黄	蓝红	—	—

表 4.5　材质推荐关键词列表

材质——推荐关键词							
塑料	紫水晶	珐琅	腐朽衰败	玻璃	黄金	流体	毛茸茸
纸雕	金属漆	彩色玻璃	青瓷	黏液	彩虹色	液体黄金	瓷
冰	石英	镍	环氧树脂	黏土	黄水晶	木制	钻石

续表

材质——推荐关键词							
菌丝	光纤	松木	哑光	青金石	雕刻	岩石	软糖
刷铝	铜	华丽的	布料	铝合金	铂金	乳胶	木纹
皮毛	冰冷	玉	果冻质感	雷莫石	纱线	碳纤维	红宝石
金属质感	玄武岩	煤	纱绸	液体秘	砖块	陶瓷	全息
纸板	天鹅绒	波斯花纹	光粒子	阳极氧化	箔	碧玉	氧化钛
刚玉	彩虹大理石	象牙	皮革	水磨石	孔雀石	抛光	琥珀
蓝晶石	橄榄石	蓝宝石	乌木	祖母绿	拉丝金属	纤维素	黄铜

表 4.6 灯光推荐关键词列表

灯光——推荐关键词							
高调照明	氛围感照明	明亮的	电影灯光	镜头光晕	丁达尔效应	斑驳光线	暖光
太阳光	梦幻灯光	柔光	聚光灯	背景虚化	隔光板	全局光	阳光照射
工作室照明	体积光	重点照明	伦勃朗光	冷光	光粒子	自然照明	晨光
轮廓光	黑光	黄昏	环境光	激光	午夜	反射光	手电筒
夜光	星空	激励照明	背光	闪亮	量子点	戏剧化灯光	闪光
白昼光	霓虹灯	放射性发光	黄金时段	荧光灯	夜总会照明	激光发光	电发光线
分离照明	电磁音波	烛光	内发光	频闪灯	蓝色时间	关键照明	火光
熔岩光	上方射下光	闪光粉	紫外线	灰尘	三点光	硬光	迪斯科灯光
双重灯光	月光	边缘光	荧光	美丽的照明	泛光灯	发光	荧光霓虹灯
低调照明	核废料光	化学发光	前灯	音乐会照明	光追反射	—	—

表 4.7 大师推荐关键词列表

大师——推荐关键词								
莫奈	彼得萨维尔	蔡国强	森山大道	蒙德里安	盐田千春	草间弥生	安德森
达·芬奇	欧文·沃姆	村上隆	凡·高	毕加索	哈林	威吉	林德伯格
艾佛里	马蒂斯	奈良美智	弗里斯	梅杰	保罗勒尔	洛伊什	白南淳

续表

大师——推荐关键词							
博奇尔	丰塔纳	润二	莫拉	弗兰克	霍克尼	玛格丽特	伊万
伯顿	保罗克利	多纳泰罗	葛饰北斋	惠特摩尔	霍沃尔	爱舍尔	波斯
蒂默曼斯	比尔斯里	新川洋司	波洛克	肖恩坦	迪克斯	盖伦	曼特洛
克拉森	罗塞特	伊利亚	拉斯罗普	克拉斯纳	格里菲斯	彼得巴吉	阿普
高桥留美子	勒维特	米勒	天野喜孝	切克利	加梅尔	聂利	迪特曼
朱艾特	洛夫克拉夫	艾尔特	巴斯奎特	真昼	马克莱登	伊顿	布兰德兄弟
吉田明彦	贝诺瓦	特兰	佛劳德	库沙特	克拉姆	詹姆斯琼	索恩
高更	让杰罗	巴泽利茨	鸟山明	马克	凯新格	马恩斯	塞韦索
莫比乌斯	米开朗琪罗	杰里米曼	托米尼	休莱特	格尔	沃尔	比拉尔
图尔	前拉斐尔派	戈尔基	萨良	思穆克	埃格尔顿	康定斯基	彭宁顿
鲁本斯	卡洛	瓦罗	村田雄介	戈雅	鲍尔	卡拉瓦乔	福克斯
安娜图	柯比	盖伊	布鲁盖尔	亨特	哈里斯	罗约	格雷
达利	巴舍利耶	声之形	莫里斯	麦克西姆斯	惠斯勒	波提切利	沃森
歌川国芳	费里	穆查	艾伦李	佛朗切斯卡	斯特鲁赞	贝尔尼尼	金凯德
德拉纳	广重	—	—	—	—	—	—

表 4.8 建筑推荐关键词列表

建筑——推荐关键词							
中式赛博	粉彩色室内	参数化室内	当代建筑	植物亲和力	丹麦室内	戈吉室内	复古室内
芭比室内	戈吉建筑	理性主义	极简主义	日式园林	解构主义	新艺术运动	禅宗室内
新未来主义	包豪斯室内	参数化建筑	折中主义	日式混北欧	北欧建筑	奥拓瓦格纳	基克拉迪
华丽室内	北欧室内	工业风	现代中式	草原景观	禅宗	哥特式建筑	未来主义
极限主义	古代中式	海滨室内	现代农舍	地中海室内	德国殖民地	里亚德式	可持续建筑
小木屋	山林小屋	热带景观	非洲中心	摩尔式复兴	波希米亚风	翼子板建筑	印度风情
斯大林主义	战前建筑	卫所殖民地	乡村小屋	印度式建筑	希腊复兴式	农舍	阿拉伯室内
法式乡村	巴洛克建筑	工匠建筑	美术学院派	蒙特利殖民	希腊式	当代室内	荷兰殖民地
金字塔	摩尔式室内	地中海复兴	皮拉蒂安	美院派室内	平房	农舍室内	甘丹房屋

续表

建筑——推荐关键词							
克里奥尔房	暗黑学风	蒂雷克多尔	西南室内	单户住宅	普韦布洛	弗兰芒	洛可可
殖民地建筑	装饰艺术	木工哥特式	新石器时代	童话故事	雅各宾式	奥斯曼式	摩洛哥风
法式花园	摩尔式	联邦式建筑	柱厅式	冰屋	乔治亚式	船舶风格	—

表 4.9 布局推荐关键词列表

布局——推荐关键词							
游戏素材	时尚情绪版	信息图表	移动界面	幻想四季	多姿势角色	角色设计	参考表
整理法	图标设计	房屋平面图	解剖图绘制	游戏界面	立体书	全身角色	房屋剖面图
调色板	百科全书	标志设计	图标集设计	娃娃屋	连环漫画	平面摄影	角色卡

表 4.10 时尚推荐关键词列表

时尚——推荐关键词							
V 杂志	Vogue 时尚	W 杂志	哈珀时尚	圣罗兰	爱马仕	范思哲	路易威登
普拉达	迪奥	纪梵希	阿玛尼	古驰	宝缇嘉	巴黎世家	巴宝莉
香奈儿	华伦天奴	芬迪	皮夹克	背心	大衣	连衣裙	衬衫
睡衣	泳装	童装	牛仔服	毛衣	卫衣	夹克	马甲
运动服	T 恤衫	裙子	外套	女牛仔	凯尔特	运动风	规范装
极简	牛仔装	时尚风	坎帕拉风	高级定制	酒会装 flapper	孕妇装	经典风
禅风	优雅风	宝莱坞	文艺复兴	黑帮装	沙滩装扮	独立风	海军装
恶霸风	朋克摇滚	艳丽的	花花公子	海滨奶奶风	八十年代	迪斯科装	流行朋克
城市风	异域风情	军装	马术装	角色扮演	常春藤	贵族风	嬉皮风
拉丁风	商务休闲	芭蕾舞	明亮的	轻学院装	抑郁风	巴黎风	哥特装
视觉系	老时髦	民族服装	波希米亚	草原服装	欧洲风	太阳能未来	柴油朋克
两千年	坏女孩装扮	男友风	书呆子	休闲	海洋朋克	韩国时尚	原宿风
新哥特装	精神摇滚	热带风	帝国剪裁	安卡拉	朋克风	优雅奢华	萨普尔
可爱风	科技风	乡村风	端庄风	日本街头	折中风	忍者装	实用风
斯卡服装	正装	颓废摇滚	九十年代	可爱风	机车装	蒸汽波	中性装扮

续表

时尚——推荐关键词							
民间风	阿兹特克	魅力风	温柔男孩	暴走族	机甲装	运动休闲	运动
少女风	重金属	极简主义	西南风	部落风	短发女装	阴森装	前沿装扮
滑板装	—	—	—	—	—	—	—

表 4.11 国风推荐关键词列表

国风——推荐关键词							
丝绸	汉服	刺绣	中式服装	旗袍	禅	功夫	武侠
工笔画	故宫	笛子	园林	针灸	古剑	荷花	中国龙
亭子	锦鲤	脸谱	剪纸	水墨插画	火锅	瓷器	咏春
玉	莫高窟	竹子	龙舟	山海经	相声	月饼	阴阳
景泰蓝	红楼梦	灯笼	朱雀	丹顶鹤	全景长卷轴	八卦	折扇
舞狮	世外桃源	书法	月兔	麻将	爆竹	京剧	翡翠
武术	中国结	国墨	熊猫	梅花	国画	兵马俑	牡丹
麒麟	唐三彩	禅宗	道	石狮子	中国墨	汤圆	中国凤凰
儒家文化	—	—	—	—	—	—	—

表 4.12 影游推荐关键词列表

影游——推荐关键词							
吕克·贝松	皮埃尔·热内	迪多纳托	奈特·沙马兰	德尔托洛	法米克·詹森	林克莱特	吴宇森
库斯图里察	尼尔森	朴赞郁	卡梅隆	明格拉	米歇尔·冈瑞	大卫·林奇	科波拉
维伦纽瓦	佐杜洛夫斯基	罗德里格兹	爱德华·诺顿	塔西姆辛	王家卫	库布里克	斯图尔特
韦斯·安德森	诺兰	莱恩·约翰逊	约翰逊	范安森	奇异博士	疯狂麦克斯	天堂电影院
白底梦想家	泰坦尼克号	沙丘	千与千寻	水形物语	星际迷航	少年派	银翼杀手
放牛班春天	怪奇物语	摔跤爸爸	侠盗猎车	瑞克和莫蒂	辐射系列	赛博2077	动物之森
宝可梦	顶级英雄	最终幻想	火影	辛普森	生化危机	绝地求生	乐高
进击巨人	纸钞屋	原神	英雄联盟	海贼王	你的名字	龙与地下城	星露谷物语
使命召唤	一拳超人	史瑞克	洛克斯	光速龙卷风	神通瑞姆	死亡笔记	星际争霸
铁拳	暗黑破坏神	我的世界	堡垒之夜	荒野大镖客	超级马里奥	守望先锋	—

表 4.13 人像推荐关键词列表

人像——推荐关键词								
噘嘴	气愤	脸红的	咬牙切齿	异色瞳	张嘴	开心泪水	眼下斑
闭眼	恶魔笑	得意	恶心	喝醉的	失望的	恶魔眼	嚣张
疑惑	锅盖头	湿发	辫子	光头	脏辫	耳后发	短马尾
双马尾	丸子头	头发遮眼	披肩发	短发	交错刘海儿	耳前发	齐刘海儿
寸头	白发	黑发	金发	银发	红发	粉发	多彩头发
灰发	编织马尾	双丸子头	护士帽	头戴显示	耳机	面膜	女仆头饰
发卡	狐狸面具	眼罩	面纱	水手帽	发带	医用口罩	发花
帽子护目镜	防毒面具	法师帽	太阳镜	贝雷帽	皇冠	头戴护目镜	—

4.4.4 Midjourney 局部绘制精准控制技法

Midjourney 快速生成的 AI 图像，经常会遇到整体已经非常接近理想效果的 AI 图像，但是局部不符合需求。遇到这种情况，如果重新生成新的图像，效果又不理想，一般情况下这种常见问题的出现，常常是由于 Midjourney 随机性太强，无法精准控制所导致。而 Midjourney 的局部重绘功能，通过反复重绘，能不断提升打磨图像画质，不仅提升了图像编辑的精确度，还为提升优质 AI 画质拓展了新的方法。例如通过文生图，生成四张电商鼠标产品 AI 图像，如图 4.46 所示。点击"编辑"工具，选择"U4"对第四个图进行编辑，生成单独 U4 图像，如图 4.47 所示。选择"调整"工具面板，点击"局部重绘"按钮，设置笔刷范围大小，鼠标选择要调整的局部区域，在请输入重绘描述对话框输入关键词，提交任务，如图 4.48 所示。重新生成四张 AI 图像，如图 4.49 所示。可持续重复局部重绘步骤，反复打磨，直到得到优质的 AI 图像，如图 4.50 所示。

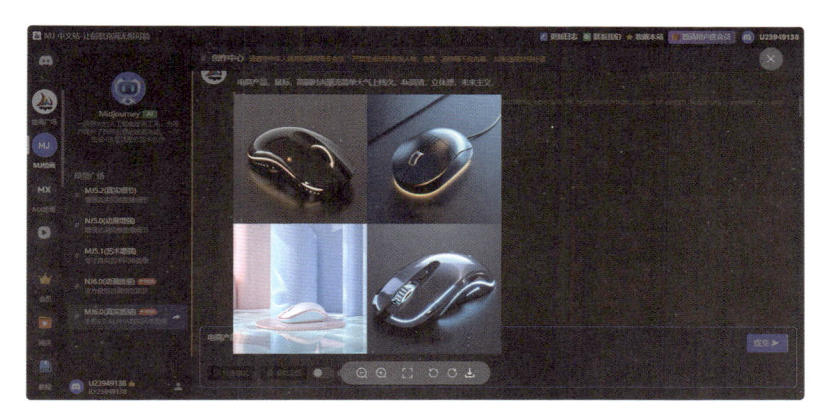

图 4.46　AI 生成的鼠标图像及操作面板截图

图 4.47　选择"U4"第四张图像的操作面板截图

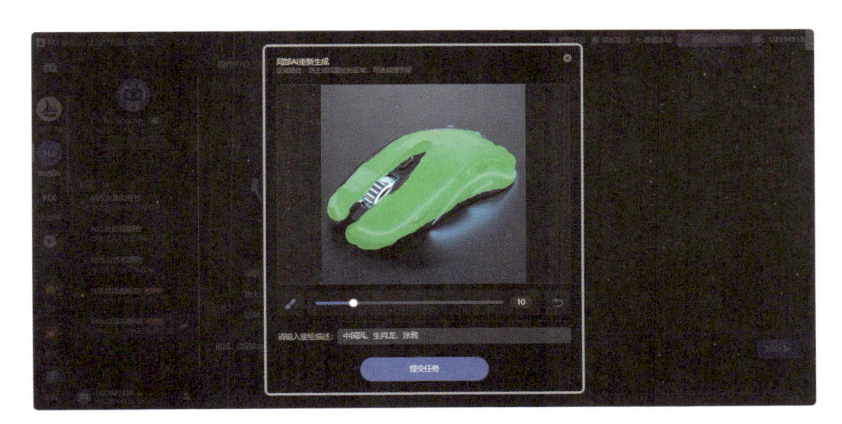

图 4.48　局部重绘操作面板截图

◀ 153 ◀

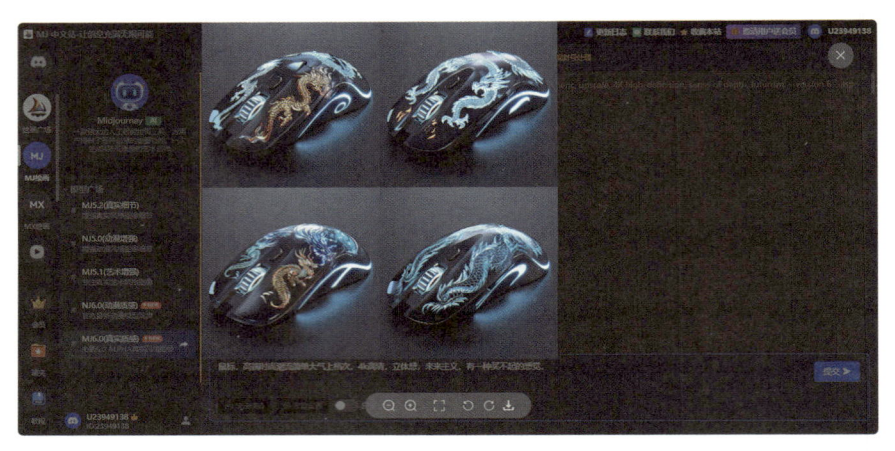

图 4.49　局部重绘后生成的图像效果及操作面板截图

图 4.50　AI 生成最终的鼠标产品效果图

4.5 Midjourney 应用场景案例

　　Midjourney 具有广泛的应用场景和用途。它可以在广告、建筑、工业设计、家居设计、平面艺术、游戏、影视、旅游等很多行业中得到应用。本节将通过如宣传海报、IP 角色设计、UI 图标设计、多个应用场景案例，帮助用户快速高效设计更多实用 AI 画作。

4.5.1 生成宣传海报

1. 项目目标与前期构思

"六一"国际儿童节发布会以线上节目形式呈现，需设计主视觉宣传海报，用于发布会视频节目转场展示，并在节日发布会期间作为宣传素材使用。需求方希望画面能展现出关于陪伴的温馨感，以"共享陪伴"为主题，画面表达各种不同类型共享伙伴而相聚的场景。根据客户初步意向，找参考图，AI生成参考图等，能方便快捷地与客户进行有效沟通，如图4.51所示。

图 4.51　根据客户初步意向 AI 生成的参考图像

2. 确定风格与关键词的提取

视觉风格上，我们通过对同类型活动的主视觉风格提取共性，结合过往大品牌主视觉案例，最终确定画面风格整体偏向三维动漫。按以往的思路，通常是毫不犹豫打开三维软件建模渲染进行操作，但现今可以尝试使用 Midjourney 快速高效确定画面构图、光影，甚至是整体画面基调。

在前期，我们对构想的画面进行关键词的描述："可爱帅气的男女孩子们一起与玩具相伴，开心地微笑着，温暖的房间，大型落地窗。"将关键词放入 Midjourney 中进行炼图，最终通过筛选，与客户确定大致画面视觉风格，如图4.52所示。

图 4.52　根据主题构想关键词 AI 生成的主题意向图像

3. 提炼关键词与筛选标准

图 4.53　部分炼图效果展示

关键词根据步骤 4.1.1 Midjourney 常用关键词描述句式，依据客户已确认的视觉风格，在关键词如风格、造型、元素、光影、视角等维度进行反复打磨。并在元素上加强与宣传海报主题的关联，例如陪伴、玩具、温馨等。光影上，希望画面明亮一些，可以尝试白天的环境。视角上，希望加强画面的透视感，视角也不一定是平视，可以带一些仰视或者俯视使得画面更加活泼。根据之前筛选出来的其中一张或多张图像，在 Midjourney 中进行垫图，根据客户需求及参考图，对关键词进行不断优化，再开始新的一轮炼图。（比如关键词增加了"中景""展示整个房间""透视感""画面明亮"）为部分炼图输出展示（由于 AI 出图的随机性比较强，因此避免不了消耗一定的时间进行大量的炼图），如图 4.53 所示。

4. AI 草图输出及客户反馈建议

关键词描述为："孩子们，在客厅一起陪伴着，玩具娃娃，与玩具进行玩耍，儿童节产品宣传海报，温暖的房间，大型落地窗，16∶9 构图，2K，米黄色调，阳光明媚，温馨陪伴，3D 动漫风格，高品质，电影画质，开心地微笑。"我们从大量炼图里，筛选出最理想的一张图，点击编辑图像，设置输出为 4K 并保存草图，如图 4.54 所示。发送给客户后，客户提出新的反馈建议："孩子们眼睛需睁开，并开心微笑，体现小熊毛绒玩具。"

图 4.54　根据客户反馈意见筛选出的草图效果

5. 局部绘制完善反馈建议

我们从之前炼图里筛选出最想要的一张图，并通过描述画面关键词面板，点击参数设置，添加参考图 1 和参考图 2，可设置参考图 2-iw2 相似度权重为 90%，如图 4.55 所示。不断打磨最终生成一张客户满意的 AI 画作，保存像素为 4K，png 格式的图像，如图 4.56 所示。

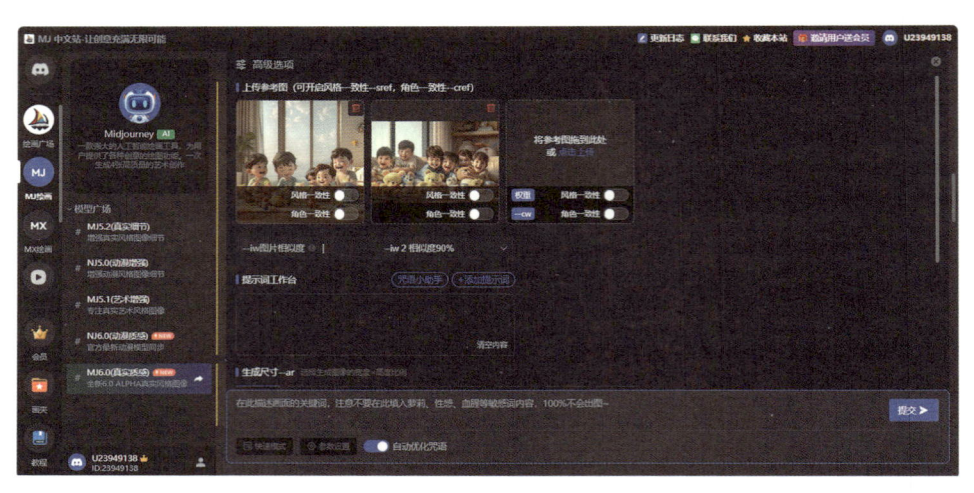

图 4.55　添加参考图及参数设置面板截图

图 4.56　最终 AI 生成的广告图像

6. 通过 Photoshop 工具进行后期处理

根据最终生成的图像，进入 Photoshop 软件进行最后添加文字、校色等细节处理，最终效果如图 4.57 所示。

图 4.57 最终生成的海报效果

以上就是关于生成宣传海报的内容，希望对用户在制作宣传海报项目中提供实际参考，更有效地完成宣传海报设计。

4.5.2 IP 形象设计

Midjourney 图像生成技术在 IP 形象设计等领域的应用，为创意设计师们提供了全新的工作方式和创作灵感。本节将通过 Midjourney 图像生成技术，完成 IP 形象设计的项目案例。希望通过 AI 图像生成技术，能帮助用户更高效地创作出更加引人注目和优秀的 IP 形象设计作品。

1. 项目目标与前期构思

客户需要为粽子产品设计一个 IP 人物形象，并提供了 IP 人物形象设计线框参考草稿，如图 4.58 所示。客户希望 IP 人物形象符合端午节特征，并体现美食文化特色，需根据草图进行完善，对 IP 人物进行细节设计。根据客户初步意向找参考图，AI 生成参考图等，与客户进行有效沟通，如图 4.59 所示。

图 4.58　客户提供的初步 IP 形象参考图

图 4.59　根据客户意向收集的参考图

2. 确定风格与关键词的提取

根据客户提供的草图，收集并整理相关参考图，并与客户进行沟通，创意风格上即突出端午节 IP 形象，同时又要体现中式风格，弘扬民族文化传统，用卡通形象贴合主题创意思想。

根据客户初步需求，我们对构想的 IP 形象进行关键词总结："粽子卡通人物，IP 人物设计风格，中国风，线条简洁流畅，轮廓鲜明，卡通化处理，大眼睛，微笑表情，圆润身体，背景淡雅，形象生动，可爱气息，传统与现代融合。"将关键词放入 Midjourney 中进行炼图，最终通过筛选，与客户确定大致画面视觉风格，如图 4.60 所示。

图 4.60 通过关键词提炼生成的图像

3. 提炼关键词与筛选标准

图 4.61 优化关键词后生成的图像

关键词根据步骤 4.4.1 Midjourney 常用关键词描述句式，依据客户已确认的视觉风格，在关键词如风格、造型、元素、光影、视角等维度进行反复打磨，并在 IP 形象风格上与端午节、中国饮食文化风格等关联性更强。光影上，以明亮柔和的光线为主。视角上，突出 IP 形象的气质。接着，根据之前筛选出来的其中一张或多张图像，在 Midjourney 中进行垫图，根据客户需求及参考图，对关键词进行不断优化，再开始新的一轮炼图。部分炼图输出展示，如图 4.61 所示。

4. AI 草图输出及客户反馈建议

图 4.62 从大量图片中筛选出符合客户意向的图像

关键词进一步迭代后的内容为："端午节粽子卡通形象，中国风，线条简洁流畅，轮廓鲜明，卡通化处理，大眼睛，微笑表情，圆润身体，背景淡雅，形象生动，可爱气息，传统与现代融合，明快色彩，柔和光线，扁平设计，细节精致，文化符号，节日氛围，亲切感，皮克斯风格。"我们从大量炼图里，筛选出最理想的一张图，点击编辑图像，设置输出为 4K 并保存草图，如图 4.62 所示。发送给客户后，客户提出新的反馈建议："IP 形象整体颜色偏向于绿色大自然，更可爱些，中国风更加明显。"

5. 局部绘制完善反馈建议

我们从之前炼图里筛选出最符合客户需求的图像，并通过描述画面关键词面板，点击参数设置，添加参考图 1 和参考图 2，可设置参考图 2–iw2 相似度权重为 90%，如图 4.63 所示。不断打磨最终生成一张客户满意的 AI 画作，保存分辨率为 4K，png 格式的图像，如图 4.64 所示。

图 4.63　在参数设置面板添加参考图截图

图 4.64　最终生成的 4K 图像

6. 通过 Photoshop 工具进行后期处理

图 4.65　最终完成的 IP 形象设计图

根据最终生成的图像，进入 Photoshop 软件进行最后添加文字、校色等细节处理，最终效果如图 4.65 所示。希望通过 IP 形象设计案例，为用户在创作 IP 形象类型项目中提供创作思路，更有效地完成宣传海报设计。

4.5.3 室内设计

1. 项目目标与前期构思

图 4.66　根据客户初步意向 AI 生成的参考图像

客户要对室内客厅空间进行重新装修，设计师需要在半天时间内提供给客户效果图。根据客户初步需求，效果图要体现如空间布局、配色、家具搭配、装饰风格、材料质感等特点。根据客户初步意向，收集并整理相关参考图，如图 4.66 所示。

2. 确定风格与关键词的提取

客户初步意向整体设计为简约现代风格，要有绿植装饰、大面积落地窗，挂画，娱乐与功能区分。根据客户反馈建议，对构想的设计图进行关键词描述："现代简约客厅室内设计，明亮色调，宽敞空间，舒适家具，绿植装饰，大面积落地窗，地毯铺设，艺术挂画，极简风格，现代感，舒适室内设计，生活品位。"将关键词放入 Midjourney 中，通过筛选与客户进一步沟通，确定设计草图，如图 4.67 所示。

图 4.67　根据客户需求生成的设计草图

3. 提炼关键词与筛选标准

图 4.68　AI 生成的部分设计草图

关键词根据步骤 4.4.1 Midjourney 常用关键词描述句式，与客户进一步沟通反馈，在功能分区，娱乐区域，休闲阅读角，舒适家具，木质元素，绿植装饰等方面需重点体现现代简约设计风格搭配，营造家庭温馨氛围感。根据客户进一步需求反馈，对关键词进行持续优化提炼，并开始新的一轮炼图（关键词增加了"中景""展示整个房间""透视感""画面明亮"）。部分炼图输出的图像（由于 AI 出图的随机性比较强，为了得到更接近客户需求的图像，需消耗一定时间用于多次炼图），如图 4.68 所示。

4. AI 草图输出及客户反馈建议

与客户进一步的沟通与反馈建议，进一步提炼设计图的关键词："现代简约客厅室内设计，明亮色调，宽敞空间，舒适家具，木质元素，绿植装饰，大面积落地窗，自然光线，地毯铺设，艺术挂画，功能分区，娱乐区域，休闲阅读角，极简风格，家居氛围，家庭聚会场所，温馨家居，现代感，舒适，实用，宜家，室内设计，生活品位。"我们从大量炼图里，筛选出最理想的设计图，点击编辑图像，设置输出为 4K 并保存设计草图，如图 4.69 所示。客户提出局部修改的反馈需求："视角需左右延伸，要看到更多客厅空间设计。"

图 4.69　筛选出的设计草图

5. 局部绘制完善反馈建议

根据客户最后提出的局部修改反馈建议，我们可通过垫图来完成，首先通过描述画面关键词面板，点击参数设置，添加参考图 1 和参考图 2，可设置参考图 2-iw2 相似度权重为 90%，如图 4.70 所示。不断打磨最终生成一张客户满意的 AI 图像，保存像素为 4K，png 格式的图像，如图 4.71 所示。

图 4.70　垫图及参数设置面板截图

图 4.71　最终 AI 生成的设计图像

6. 通过 Photoshop 工具进行后期处理

根据最终生成的图像，进入 Photoshop 软件进行最后校色等细节处理，最终的室内客厅效果图，如图 4.72 所示。通过本节室内空间设计的案例，用户在从事室内设计相关工作时，可以通过 AI 生成图像，此举能够帮助大家在室内设计上提高工作效率，创作出更好的设计作品。

图 4.72　室内客厅设计最终效果

4.6 文心一格 AI 生成图像操作流程

除了 Midjourney 工具以外，国内也有很多 AI 生成图像工具，比如百度自主研发的文心一格，也是非常不错的 AI 艺术和创意辅助平台。文心一格同时支持 PC 端和移动端，其中移动端需要登录小程序使用，它基于百度飞桨深度学习框架以及文心大模型，为用户提供 AI 绘画服务。只需要输入简单的提示词，加上自己想要的风格，即可快速生成优质的 AI 图像，定位为有设计与创意需求的人群，进行辅助创意设计，打破创意瓶颈。

4.6.1 文心一格网页版本注册与登录

百度搜索引擎，搜索关键词"文心一格"，或者通过网站网页浏览器输入文心一格的网址"https://yige.baidu.com/"，进入文心一格主页面，如图 4.73 所示。点击界面右上角"登录"按钮，在弹出登录界面，可选择任何一种方式进行登录，选择界面如图 4.74 所示。登录后的文心一格界面如图 4.75 所示。登录后，可根据自身需要，点击登录头像，可设置个人信息。

图 4.73 文心一格初始页面截图

图 4.74 文心一格登录界面截图

图 4.75 登录后文心一格主界面截图

4.6.2 AI 编辑界面功能介绍

在文心一格主界面，点击"立即创作"或者"创作画笔"按钮，自动跳转到 AI 编辑界面，主要包含 AI 创作、AI 编辑等功能面板。其中 AI 创作面板包含推荐、自定义、商品图、艺术字、海报五种创作模式，AI 编辑面板包括图像扩展、图像变高清、涂抹消除、智能抠图、涂抹编辑、图像叠加这六种编辑模式，编辑界面如图 4.76 所示。

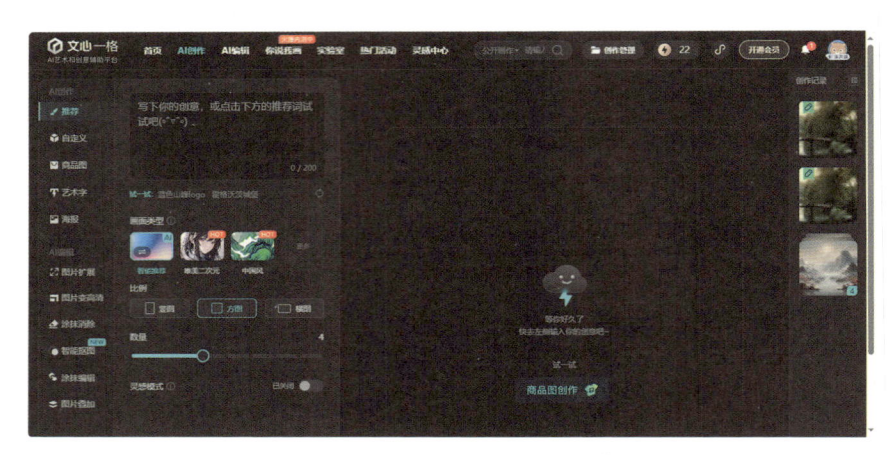

图 4.76　文心一格 AI 创作功能界面截图

4.6.3 文心一格 AI 创作文生图操作技法

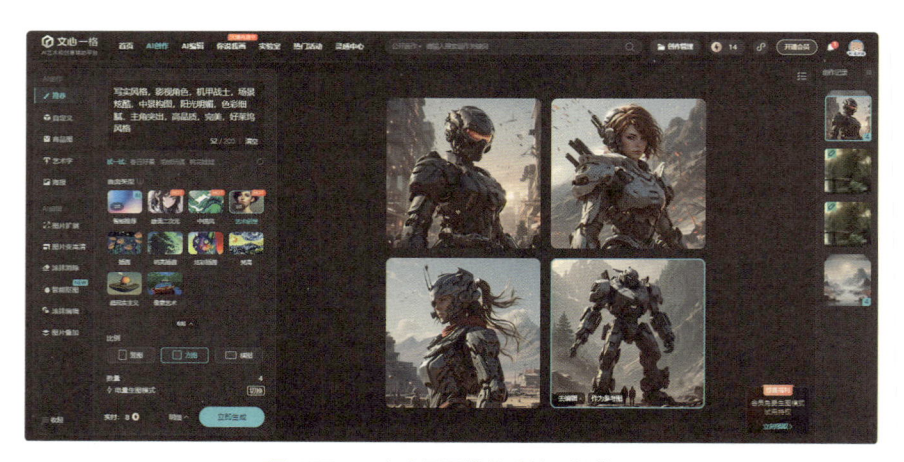

图 4.77　AI 文生图及推荐功能面板截图

在 AI 创作面板，选择默认的"推荐"工具面板，在上面文本框输入需要 AI 生成图像的关键词，例如输入"写实风格，影视角色，机甲战士，场景炫酷，中景构图，阳光明媚，色彩细腻，主角突出，高品质，完美，好莱坞风格"，设置画面类型为艺术创想，比例设置为方图，数量为 4 张，点击"立即生成"按钮，最终生成画面，如图 4.77 所示。生成图像后，在界面右侧创作记录里会显示创作的作品，在创作记录左边小图标工具，可根据需求，选择喜欢、下载、分享、放入收藏夹、公开画作、添加标签、删除、大赛等设置。

4.6.4 文心一格 AI 编辑文生图操作技法

根据生成的四张图像，鼠标左键单击任何一张，将会放大显示选择的图像，点击图像左下角编辑本图像，可根据实际需求，选择图片扩展、图片变高清、涂抹消除、智能抠图、涂抹编辑、图片叠加等工具进行二次编辑，例如选择右上角图像，并选择图像扩展工具，选择向"四周"扩展模式，选择立即生成，可以看到 AI 在原图基础上进行四周的扩展绘制，如图 4.78 所示。

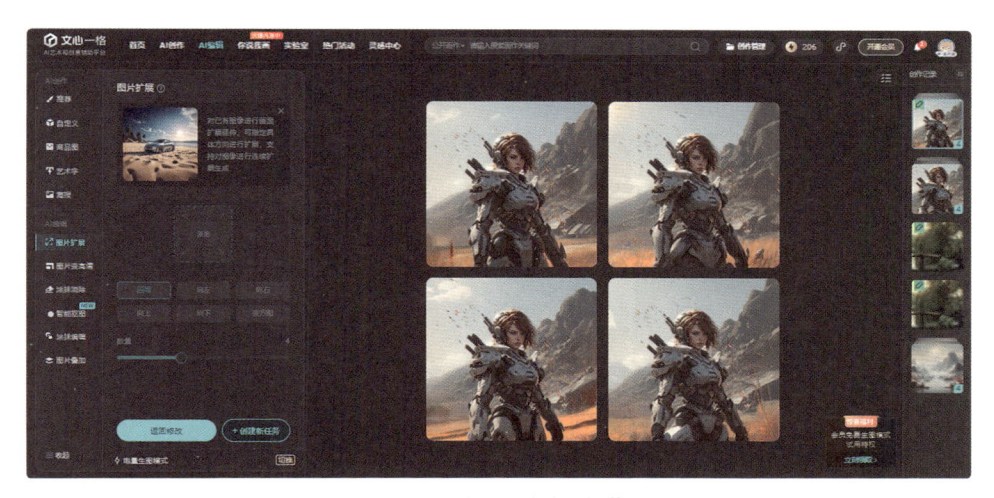

图 4.78　图片扩展功能面板截图

4.6.5 文心一格 AI 创作其他工具简介

在 AI 创作工具面板，除了 AI 文生图工具，还有如"自定义"工具面板，可进行 AI 图生图创作，通过上传参考图，并输入关键词，选择 AI 画师不同模式、画面风格等，基本与 Midjourney 操作方式类似，本节不做技术详细拆解，自定义操作工具面板如图 4.79 所示。商品图操作工具面板，如图 4.80 所示。艺术字操作工具面板，如图 4.81 所示。海报操作工具面板，如图 4.82 所示。

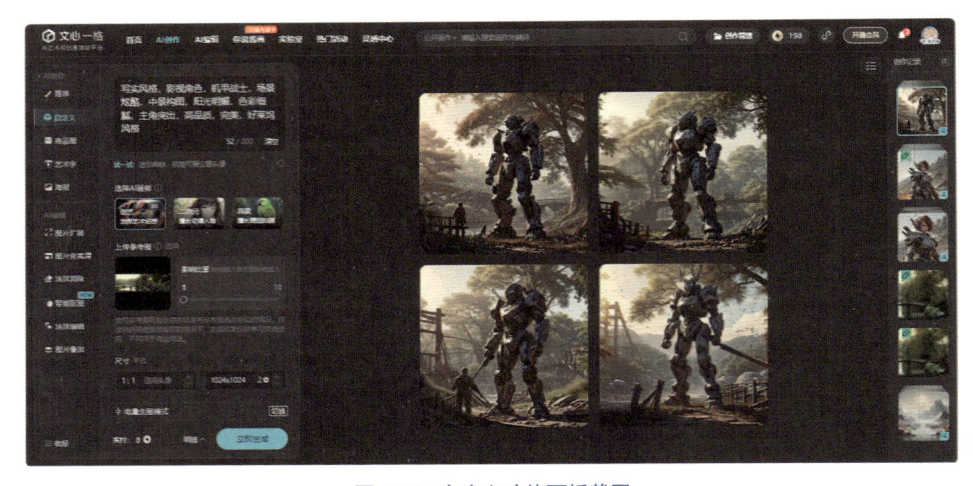

图 4.79　自定义功能面板截图

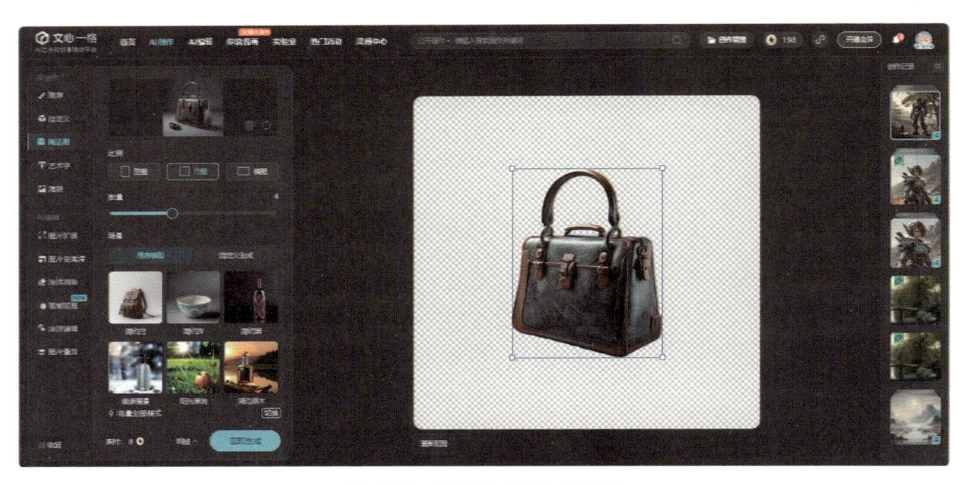

图 4.80　商品图功能面板截图

图 4.81　艺术字功能面板截图

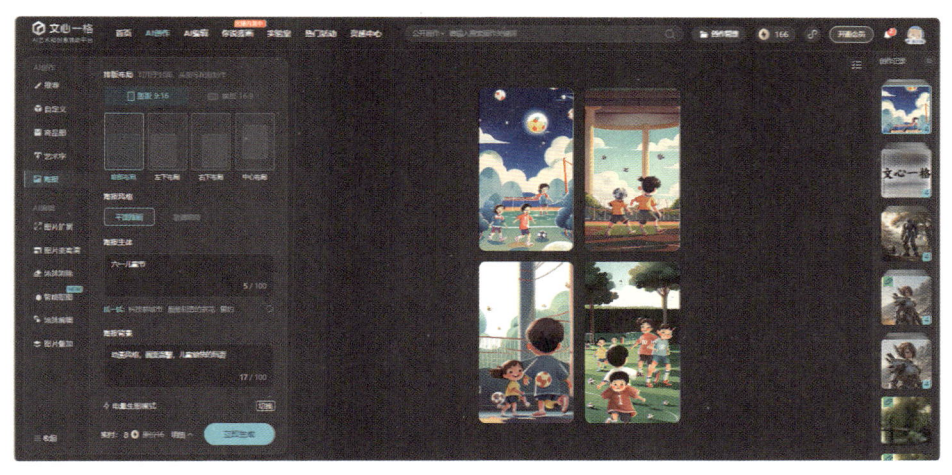

图 4.82　海报功能面板截图

本节让读者除了掌握 Midjourney 工具之外，也可以掌握如文心一格等其他 AI 绘图工具。文心一格 AI 绘图工具支持多种风格，同时还有图像扩展、涂抹消除、图像叠加等功能，并支持图像清晰度，在 AI 创作上也非常方便好用。

4.7 通义万相 AI 生成图像技术流程

除了 Midjourney、文心一格等 AI 绘图工具以外，国内还有如通义万相等 AI 绘图工具。通义万相是阿里云通义旗下的 AI 创意作画平台，致力于提供多样化的 AI 艺术创作功能，该平台支持文生图、图生图、涂鸦作画、虚拟模特、个人写真等多种场景的图像创作需求。

4.7.1 通义万相网页版本注册与登录

百度搜索"通义万相"，或者浏览器输入"https://tongyi.aliyun.com/wanxiang/"，进入通义万相主页面，如图 4.83 所示。点击界面右上角"登录"按钮，在弹出登录界面，通过输入手机号码、验证码的方式进行登录，选择界面如图 4.84 所示。

图 4.83 通义万相界面截图

图 4.84 通义万相登录界面

4.7.2 通义万相界面功能介绍

图 4.85　创意作画功能面板截图

在通义万相操作界面，菜单面板有探索发现、创意作画、应用广场三种选择。默认在"创意作画"模式下，点击左上角"文本生成图像"可切换文本生成图像、相似图像生成、图像风格迁移三种模式，如图 4.85 所示。

4.7.3 文本生成图像

在文本生成图像面板，可输入关键词，通过"咒语"选择不同风格，点击生成创意画作，基本操作与 Midjourney 相似，本节操作不做细节展开，如图 4.86 所示。

图 4.86　文本生成图像功能面板截图

4.7.4 相似图像生成

在相似图像生成面板，将参考图拖入面板，点击生成相似画作，会生成相似 AI 画作，如图 4.87 所示。

图 4.87　相似图像生成功能面板截图

4.7.5 图像风格迁移

在图像风格迁移面板，将参考图拖入面板，点击生成相似画作，会生成相似 AI 画作，如图 4.88 所示。

图 4.88　图像风格迁移功能面板截图

4.7.6 应用广场

点击应用广场,有虚拟模特、涂鸦作画、写真馆、艺术字四种应用场景,具体操作与 Midjourney 类似,本节操作不做细节展开。

图 4.89　应用广场功能面板截图

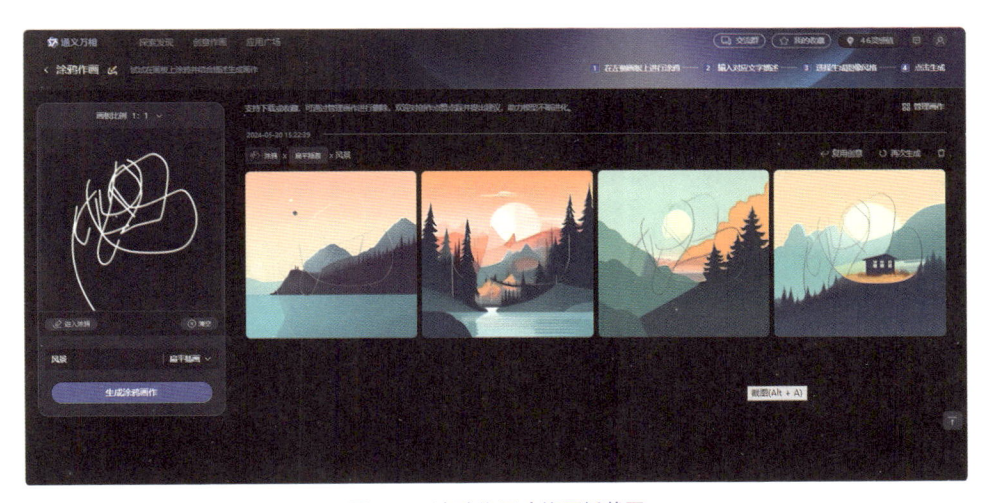

图 4.90　涂鸦作画功能面板截图

图 4.91 写真馆功能面板截图

图 4.92 艺术字功能面板截图

小结

随着 AI 生成图像工具的层出不穷，我们不仅见证了技术的飞速进步，更亲身体验到了创意制作效率的大幅提升所带来的无限可能。本章主要通过 Midjourney 的使用，以及文心一格、通义万相等其他国内 AI 图像生成工具的介绍，希望为广大 AIGC 爱好者及初学者，提供参考与帮助。AIGC 技术的崛起将在很多领域掀起巨大的变革，众多传统岗位将逐渐被 AI 所取代。因此，学会运用并充分发挥 AI 工具的潜力，已成为提升个人在职场竞争力的关键要素。

第五章

AI 音视频生成

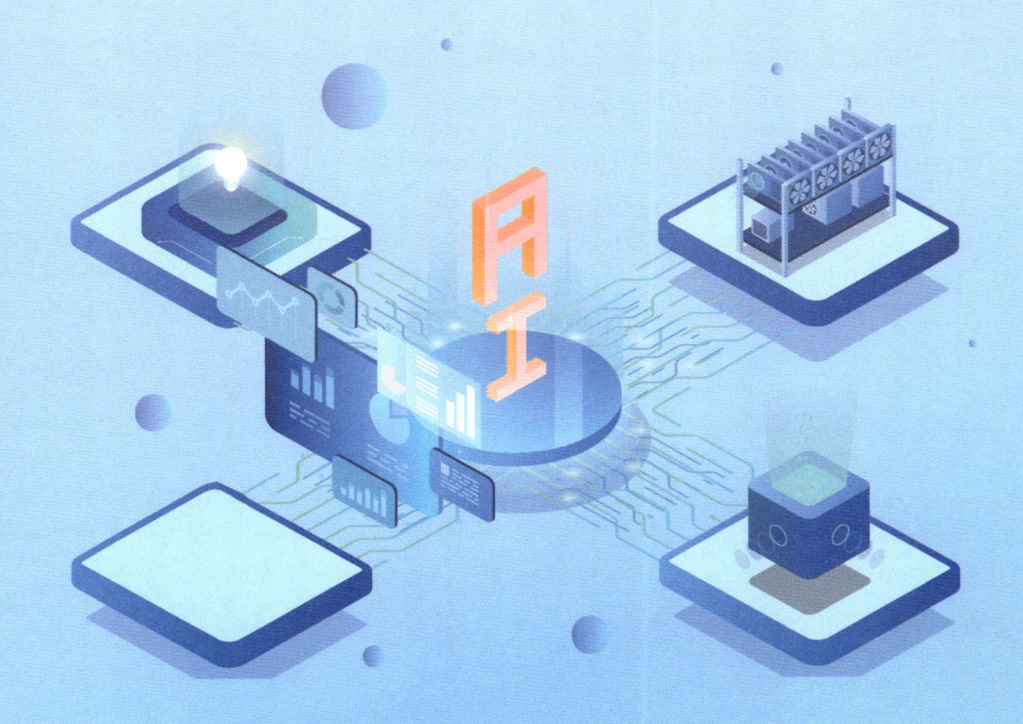

在科技飞速发展的当下，AI 音视频生成如同一颗耀眼的新星，悄然升起在数字世界的天空。它以强大的技术实力和创新能力，为音视频领域带来了前所未有的变革与突破。当我们踏入这个由 AI 音视频生成所开启的全新世界，便仿佛置身于一座充满无限可能的艺术殿堂，每一处角落都闪耀着创意的光芒。

5.1 常见的 AI 音视频生成工具

AI 音视频生成工具是指利用人工智能技术，通过对大量数据的学习和分析，能够根据用户的输入指令或设定的条件，自动生成音频或视频内容的软件或平台。

这些工具通常基于深度学习算法和自然语言处理技术，理解用户的需求，例如生成特定主题、风格、时长的音频或视频。它们可以将文字描述转化为逼真的语音，或者根据一些关键元素和规则创作出全新的视频画面、动画等。

其目的是为用户提供高效、便捷的音视频创作方式，降低创作门槛，提高创作效率，让没有专业音视频制作技能的人也能轻松获得所需的音视频内容。同时，也为专业的音视频创作者提供灵感和辅助，加速创作流程。

5.1.1 百度智能云一念

百度智能云一念是一个基于百度文心大模型构建的内容创作平台，融合了文本、图像和视频等多种内容形式，旨在帮助企业更快速、更高效地获取创意灵感和营销资源，如图 5.1 所示。

关于百度智能云一念的一些特点和功能如下：

➢ 丰富的文案生成：能够一键生成符合小红书、B 站、抖音等各平台风格的营销推广文案。涵盖的文案模版多样，例如海报文案、好物种草、金融文案等，用户还可根据需求修改甚至添加提示词，以生成符合自己需要的文案。

➢ 创意海报制作：提供超过 30 种风格的创意海报制作模板，只需输入相关主题和关键信息，AI 就能自动生成多款设计方案供选择。

➢ 文本一键生成视频：基于丰富的素材库，可以实现文本一键生成视频的功能，帮助用户快速制作宣传视频等。

➢AI 作画：具备 AI 作画的能力，用户输入文字描述，一念可根据描述生成相应的艺术画作，为用户提供更加个性化和高质量的创意。

➢ 特定场景的海报生成：其智能工具更加垂直地涵盖了汽车、节日营销以及商品图等特定场景的海报生成，满足不同场景的需求。

➢ 多种成片方式：包括文转视频、word 转视频以及网页转视频等，为用户提供更加灵活的创作选择。

➢ 数字人视频制作：平台分为 2D 和 3D 数字人，可应用于介绍产品等方面，展现出丰富的应用前景。

图 5.1　百度智能云一念首页

5.1.2 TTSMaker

在 AIGC 的众多应用中，TTSMaker（马克配音）作为一项重要的工具，为我们带来了全新的音频创作体验。TTSMaker 能够将输入的文本快速转化为自然流畅的语音，广泛应用于多个领域，如图 5.2 所示。

图 5.2 TTSMAKER 首页

1. TTSMaker 简介

TTSMaker 是一款基于先进人工智能技术的文本转语音工具，它具有高度的准确性和逼真的语音效果，能够模拟多种语言、口音和情感，满足不同用户的需求。

2. TTSMaker 的主要特点

➢ 丰富的语音选择

提供多种不同的声音类型，包括男声、女声、童声等。

涵盖多种语言和方言，适应全球化的需求。

➢ 情感表达

能够根据文本内容赋予相应的情感色彩，如喜悦、悲伤、愤怒等。

➢ 可调节参数

语速、语调、音量等参数均可灵活调整，以获得最理想的语音效果。

➢ 高质量输出

生成的语音清晰、自然，接近真人发声。

3. TTSMaker 的使用场景

➢ 有声读物制作

将文字书籍转换为有声读物，方便用户随时随地聆听。

➢ 视频配音

为各类视频添加旁白和解说，增强视频的吸引力。

➢ 智能客服

在线客服提供语音回答，提升用户体验。

➢ 语言学习

帮助学习者纠正发音，练习听力。

4. TTSMaker 的使用技巧与注意事项

➢ 文本优化

确保输入的文本语法正确、表达清晰，避免复杂的句式和生僻词汇。

➢ 情感适配

根据文本的主题和目的，选择恰当的情感模式，使语音更具感染力。

➢ 版权问题

注意在使用生成的语音时遵循相关的版权规定。

➢ 性能限制

了解 TTSMaker 的性能限制，避免处理过长或过于复杂的文本导致效果不佳。

5. 总结

TTSMaker 作为一款强大的文本转语音工具，为我们的工作和生活带来了极大的便利。通过合理的使用和充分发挥其功能，我们能够创作出更具吸引力和价值的音频内容。

5.1.3 Suno

Suno 是一款具有创新性和变革性的人工智能音乐创作软件，它的出现被誉为"音乐圈的 ChatGPT 时刻"，为音乐创作领域带来了全新的可能性和机遇，如图 5.3 所示。

图 5.3 Suno 首页

1. Suno 的特点与功能

➢ 强大的音乐生成能力

无须深厚的乐理知识，用户只需输入简单的提示词，如音乐风格、歌词等，Suno 就能快速生成长达 4 分钟、广播级、多语言的音乐作品，并且支持多种曲风选择，包括流行、摇滚、古典、电子等。能够一次性生成包含歌词、旋律、编曲和演唱的完整音乐作品，有些生成的作品质量之高甚至超出预期，让专业音乐人和普通大众都为之惊叹。

➢ 多种创作模式

灵感模式：即使是音乐小白也能通过描述想要的音乐感觉、主题或场景等，获得符合期望的音乐创作。

常规模式：上传参考音乐，输入相应信息生成对应歌曲。

自定义模式：自由度最高，可自由输入歌名、歌词，自由选择音乐风格生成音乐。

2. Suno 对音乐创作的影响

➢ 创意的无限扩展

打破了传统音乐创作的界限，让创作者能够从周围的世界中汲取灵感，从日常生活中提取素材的能力使得音乐创作变得更加个性化和多样化。无论是专业音乐人还是业余爱好者，都能借助 Suno 探索前所未有的音乐创意可能性，创作出独特的音乐作品。

➤ 降低创作门槛

对于没有专业音乐背景的普通人来说，Suno 提供了一个易于使用的平台，使他们无须经过长期的音乐学习和训练，也能够轻松尝试音乐创作，享受创作过程带来的乐趣，让音乐创作不再是少数专业人士的专利。

➤ 促进音乐多样性

鼓励创作者探索不同的音乐风格和声音组合，推动了音乐风格的融合与创新，丰富了音乐的多样性，为音乐市场带来更多新颖和独特的作品。

➤ 推动音乐教育的发展

可以作为音乐教育的有效工具，帮助学生更好地理解音乐的基本构成元素，如旋律、节奏、和声等，激发他们对音乐的兴趣和创造力，为培养未来的音乐人才提供了新的途径。

➤ 对音乐产业的潜在影响

目的性音乐写作：例如游戏音乐、影视音乐、广告音乐等特定诉求下的音乐创作，可以通过文字描述目标，需求方把相关要求写好并提供素材，Suno 就能够进行相应的音乐创作。由于这些音乐创作往往更追求场景还原而非艺术高度，且离商业很近，所以是最容易进行 AIGC 应用的板块之一。

流量型音乐写作：与大众化的流行音乐产品相结合，甚至有可能与数字人进行深度融合，为流行音乐市场带来新的变化和机遇。

5.1.4 Fakeyou

FakeYou 是一款功能强大的文本到语音音频剪辑工具，利用深度伪造技术生成不同语言和声音的文本到语音内容，如图 5.4 所示。其主要特点如下：

➤ 深度伪造技术：能够生成高度逼真的语音内容。通过复杂的算法和模型，模拟不同人的声音，实现文本到语音的转换，使生成的语音听起来像是特定的人发出的。

> 多种语音风格和场景选择：提供丰富的语音风格，比如正式、轻松、幽默等，用户可以根据需要选择适合特定情境的语音，以满足不同场合的需求。

> 实时语音克隆和仿声模拟体验：支持实时语音克隆，用户只需上传自己的声音样本，FakeYou 就能够克隆出相似的语音，并允许用户实时体验仿声效果，提供个性化的语音体验。

> 广泛的语音库：拥有庞大的语音库，包含超过 2979 种语音，并带有用于语言和类别选择的过滤器，方便用户快速找到所需的语音。

> 预览和下载功能：在生成音频剪辑之前，允许用户预览会话结果，确保生成的语音内容符合期望。同时还提供下载功能，可将生成的音频剪辑保存到本地，方便后续使用。

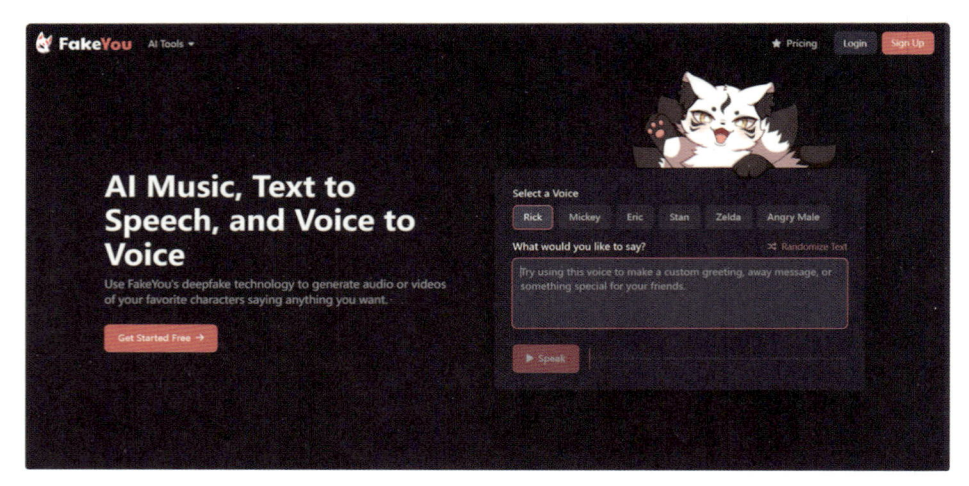

图 5.4　FakeYou 首页

5.1.5　度加创作工具

度加创作工具的 AI 视频功能是一项融合了先进人工智能技术的创新应用。它能够根据用户输入的各种元素，如文本描述、图片、音频等，自动生成具有一定逻辑性和观赏性的视频内容，如图 5.5 所示。

图 5.5 度加创作工具

1. 主要特点和优势

➤ 智能内容理解

能够深度解析用户提供的文本信息，准确把握核心主题和情感倾向，从而转化为生动的视频画面。

➤ 丰富的模板和风格

提供了多样化的视频模板，涵盖了不同的主题、场景和风格，如动画、纪实、科幻等，满足各种创作需求。

➤ 个性化定制

允许用户对生成的视频进行细致的个性化调整，包括画面元素、色彩搭配、镜头切换等，使每个视频都独一无二。

➤ 高效生成

在短时间内快速生成视频，大大提高了创作效率，节省了时间和精力。

2. 使用场景

➤ 自媒体内容创作

帮助自媒体博主快速制作吸引人的视频，用于分享知识、生活点滴、产品评测等。

> 商业宣传

为企业生成广告视频、产品介绍视频，以更具吸引力的方式展示产品特点和品牌形象。

> 教育培训

制作教学视频，将复杂的知识以直观的视觉形式呈现，提升学习效果。

> 艺术创作

为艺术家提供新的灵感和创作手段，创作出具有独特风格的艺术视频作品。

3. 注意事项

> 版权问题：在使用生成的视频时，要注意素材的版权合规性。

> 内容准确性：输入的信息要准确清晰，以确保生成的视频符合预期。

5.1.6 有言一站式 AIGC 视频创作平台

有言是一个创新的一站式 AIGC 视频创作平台，它利用先进的人工智能技术，极大地简化了视频制作流程。平台的核心特点是提供了海量高质量的超写实 3D 虚拟人角色，无须真人出镜就能轻松打造出令人惊艳的 3D 视频内容，如图 5.6 所示。

图 5.6 有言首页

1. 主要功能

➢ **海量 3D 虚拟角色库**：有言拥有丰富多样的超写实 3D 虚拟人角色，涵盖了各种人种、肤色、穿着风格等，无论是商务风还是休闲风，都能满足不同视频主题和风格的需求，为用户免去了真人出镜的困扰。

➢ **一键生成 3D 内容**：只需输入文字，平台基于自研的 AIGC 全栈技术，包括 AIGC 三维超写实形象、AIGC 三维动画、AIGC 三维运镜、AIGC 灯光和 AIGC 声音等，自动生成相应的 3D 动画、形象和场景，大大加快了视频制作的初步构建过程。

➢ **自定义编辑功能**：生成的 3D 内容可以进行细致的自定义编辑，用户能够自由调整镜头、角色动作、表情等，以实现个性化的创作需求。

➢ **后期包装工具**：提供了一系列后期包装功能，如添加字幕模板、文字模板、贴纸动效、背景音乐（BGM）以及制作片头片尾等，使视频更具吸引力和专业感。

➢ **智能镜头剪辑和素材编辑**：智能剪辑功能可高效进行视频剪辑，优化视频节奏和流畅度。同时，用户还能在平台上编辑和整合各种素材，包括图片、视频片段、音效等，丰富视频内容。

2. 使用场景

➢ **社媒运营**：为社交媒体营销活动提供富有创意的视频内容，吸引更多用户关注和互动。

➢ **知识分享**：创建教育性质的视频，生动形象地分享知识和信息，提升学习效果。

➢ **教育培训**：轻松制作在线课程或培训视频，满足远程教育的需求，提高学习效率。

➢ **产品发布**：通过精彩的 3D 视频展示产品特性和优势，有效吸引潜在客户。

➢ **社会政务和党建教育**：用于政务宣传、政策解读和党建教育视频的制作，提高信息传播的效果。

➢ 英文介绍：制作英文视频内容，帮助拓宽国际观众群体，促进跨文化交流。

➢ 电商种草：创作引人入胜的产品介绍视频，激发消费者的购买欲望，推动电商销售。

3. 技术路线与优势

有言的技术路线基于先进的人工智能算法和模型。与其他 AI 视频生成工具相比，有言在以下方面具有显著优势。

➢ 更精准的控制：实现了对生成视频内容和时长的精确控制，保证了视频角色、场景、灯光的高度一致性。

➢ 编辑权限开放：部分功能的编辑权限开放给用户，能够更精确地呈现视频内容。

➢ 高效生成：视频生成的等待时间短，快速呈现制作成果。

4. 总结

有言一站式 AIGC 视频创作平台以其强大的功能、便捷的操作和广泛的应用场景，为用户提供了一种全新的视频制作方式。无论是个人创作者还是企业机构，无须具备专业的视频制作技能，就能快速创作出高质量的 3D 视频内容。随着 AIGC 技术的不断发展，有言将继续创新和完善，为视频创作领域带来更多的可能性和机遇。它不仅降低了视频制作的门槛和成本，还极大地提高了创作效率和质量，将在各个领域发挥越来越重要的作用。

5.1.7 一帧秒创智能视频创作平台

一帧秒创是一款基于人工智能技术的视频智能创作平台，它将复杂的视频制作流程简化为几个简单的步骤，为用户提供了从脚本创作到视频生成的一站式服务，如图 5.7 所示。

1. 主要功能

➢ 智能文案生成

用户只需输入一个主题或关键词，平台就能快速生成一篇完整的视频文案，为后续的创作提供基础。

文案内容丰富多样、逻辑清晰，能够满足不同类型视频的需求。

图 5.7 一帧秒创首页

➢ 素材匹配与推荐

根据生成的文案，平台自动为用户推荐相关的图片、视频、音频等素材。

素材库丰富庞大，涵盖了各种主题和风格，确保用户能够找到合适的内容。

➢ 智能剪辑与合成

无须用户手动剪辑，平台能够自动将选择的素材按照一定的逻辑和节奏进行剪辑和合成。

支持添加转场效果、特效、字幕等，使视频更加精彩。

➢ 配音与音乐选择

提供多种语音风格和音色的配音选择，包括男声、女声、童声等，且语音自然流畅。

同时，还有丰富的背景音乐库，用户可以根据视频的氛围和情感选择合适的音乐。

2. 使用场景

➢ 自媒体创作

帮助自媒体创作者快速制作出吸引人的视频内容，如美食分享、旅行记录、知识科普等。

➢ 企业宣传

为企业生成产品介绍、企业形象宣传等视频，提升品牌影响力。

➢ 教育培训

制作教学视频、课程讲解等，让知识的传播更加生动直观。

➢ 电商营销

创作商品展示、促销活动等视频，提高商品的销量。

3. 优势与局限性

优势如下：

➢ 高效便捷：大大缩短了视频创作的时间，提高了创作效率。

➢ 降低门槛：无须专业技能，任何人都能轻松上手。

➢ 创意激发：为用户提供了丰富的创意和灵感。

局限性如下：

➢ 对复杂情感和创意的理解有限：在某些情况下，可能无法完全捕捉到非常细腻和独特的情感表达和创意构思。

➢ 素材版权问题：需要用户注意所选用素材的版权合法性。

4. 未来发展展望

随着人工智能技术的不断进步，一帧秒创有望在以下方面取得进一步的发展。

➢ 更加智能化的创作：能够更好地理解用户的需求和情感，生成更加个性化和富有创意的视频。

➢ 拓展更多应用场景：如影视制作、虚拟现实内容创作等。

➢ 提升素材质量和多样性：提供更高清、更独特的素材选择。

总之，一帧秒创视频智能创作平台为视频创作领域带来了新的机遇和可能性。无论是个人还是企业，都可以借助这一工具，轻松实现自己的视频创作梦想。

5.1.8 即梦一站式 AI 创作平台

即梦是一个综合性的 AI 创作平台，旨在满足用户在多个领域的创作需求。无论是图像还是视频创作，即梦都能提供有力的支持。

1. 主要功能

➢ 智能文本生成

能够根据给定的主题、关键词或提示，生成高质量的文章、故事、诗歌等文本内容。

具备多种写作风格和体裁的选择，如新闻报道、小说、散文等。

➢ 图像创作

基于用户的描述或参考图片，生成逼真的图像、插画、设计图等。

支持多种图像风格，如写实、卡通、抽象等。

➢ 音频创作

可以将文本转换为自然流畅的语音，提供多种音色和语言选择。

能够生成背景音乐、音效等音频元素。

➢ 视频创作

结合文本、图像和音频素材，自动生成完整的视频。

提供视频剪辑、特效添加、字幕生成等功能。

2. 使用场景

➢ 内容创作

帮助作家、博主、编剧等创作者快速生成创作灵感和初稿。

➢ 广告营销

为广告公司和营销人员制作吸引消费者的广告图片和视频。

➢ 教育培训

生成教学资料、课件、动画等，丰富教学内容。

➢ 艺术设计

辅助艺术家和设计师进行创意构思和作品创作。

3. 优势与局限性

优势：

➢ 集成化服务

提供一站式的创作解决方案，无须在多个工具之间切换。

➢ 提高效率

大大缩短创作时间，快速获得初步成果。

➢ 激发创意

为创作者带来新的思路和灵感。

局限性：

➢ 对复杂语义的理解不足

某些情况下可能无法准确理解非常复杂或隐晦的创作意图。

➢ 艺术表现力的局限

虽然能够生成比较理想的作品，但在某些方面可能不如人类艺术家的作品富有深度和情感。

4. 未来发展趋势

➢ 更强大的智能算法

不断提升对用户需求的理解和生成作品的质量。

➢ 与人类创作的深度融合

成为人类创作者的有力伙伴，共同创作出更优秀的作品。

➢ 拓展更多领域的应用

如医疗、建筑、金融等，为不同行业提供创新的解决方案。

即梦一站式 AI 创作平台为创作者们打开了一扇充满无限可能的大门，虽然仍存在一些局限性，但随着技术的不断进步，必将在创作领域发挥更加重要的作用。

5.1.9 Sora

1. Sora 的简介

Sora 是 OpenAI 推出的一款具有创新性和强大功能的文本到视频生成模型。它的出现标志着人工智能在视频内容创作领域迈出了重要的一步，为创作者和各个行业带来了全新的可能性。

2. Sora 的发展背景

OpenAI 在大模型领域的探索。OpenAI 是人工智能领域的知名研究机构，此前已经推出了诸如聊天机器人 ChatGPT 等引起广泛关注的产品。ChatGPT 展现出了人工智能在文字理解和逻辑能力方面的超越，其用户活跃量在短时间内达到了上亿规模，引领了 AIGC 领域的变革。之后 OpenAI 又将重点过渡到图像生成，研发了如 DALL·E、Dall·E2 等模型，为 Sora 的诞生奠定了基础。

视觉算法行业的进步。近年来，Meta、谷歌等科技企业也在陆续发布类似文本生成视频的 AI 模型，还有众多人工智能初创企业也投入到相关产品的开发中。视觉算法在泛化性、可提示性、生成质量和稳定性等方面不断取得突破，推动了技术拐点的到来以及爆款应用的出现。尽管数据与算法难点多于图像生成，但在大语言模型对 AI 各领域的加速作用以及开源模型的发展下，视觉算法行业有望取得更大的进步，而 Sora 正是在这样的背景下应运而生。

3. Sora 的核心功能与特点

➢ 强大的文本到视频生成能力：能够根据用户输入的文本描述快速生成长达一分钟的高保真视频。相比其他一些只能生成几秒内连贯性视频的工具，Sora 在视频长度上有显著优势。

➢ 对现实世界的深度理解与模拟：可以理解复杂场景中不同元素之间的物理属性及其关系，从而生成具有多个角色、包含特定运动的复杂且真实的场景，让生成的视频更加贴近现实世界的表现。

➢ 多模态融合：继承了 DALL·E3 的画质和遵循指令能力，融合了文本、图像和视频等多种模态信息，使生成的视频内容丰富生动。例如，它不仅能根据文本生成全新的视频，还能获取现有的静态图像并从中生成视频。

➢ 高度灵活性：支持生成不同时长、长宽比和分辨率的视频和图片，以满足不同场景下的需求。无论是社交媒体上的短视频、电影预告片，还是教学视频等，Sora 都能提供合适的输出格式。

➢ 准确遵循用户提示：能够精准地理解用户的文本意图，并按照要求生成相应的视频内容，为用户的创意表达提供了有力的支持。

4. Sora 的工作原理

Sora 整合了多种先进的技术，其工作原理涉及以下关键步骤：

首先，它通过使用视频压缩网络将原始视频压缩到一个低维的潜在空间，并将这些表示分解为时空补丁，类似于 Transformer 的 Tokens，这样的表示使得模型能够有效地训练在不同分辨率、持续时间和宽高比的视频和图像上。

其次，利用扩散模型结合变换器主干，对视频和图像潜在代码的时空补丁进行操作，从而实现从文本到视频的生成。具体来说，它使用了 Transformer + diffusion 结构，对视频结构进行了全面创新。对于视频而言，除了有时序，还有长和宽，所以需要先将其 patch 化，变成由高纬向量组成的三维空间，再通过一个压缩模型处理成单维向量序列，而 Transformer 非常擅长根据一个向量预测下一个向量，无论是语言还是视频都适用。

此外，Sora 还使用了 DALL·E 3 中的重新标注技术，准备了大量带有文本标题的视频数据，通过训练一个高度描述性的标题模型，为所有视频生成文本标题，来提高文本准确性，改善视频质量。同时，Sora 利用 GPT 将用户简短的提示转化为更长、更详细的标题，指导视频的生成过程，从而使 Sora 能够生成高质量的视频，并准确地遵循用户的指示。

5.2 AI 语音合成平台的使用

随着科技的不断进步，AI 语音合成平台逐渐走进人们的视野，成为了音视频领域中一颗璀璨的明珠。它以其高效、便捷的特点，为用户带来了全新的体验。当我们深入探索 AI 语音合成平台的使用时，仿佛打开了一扇通往声音魔法世界的大门，在这里，无数的可能性等待着我们去发掘。

5.2.1 百度智能云一念

第一步：打开网页，如图 5.8 所示。

图 5.8　百度智能云一念首页

第二步：选择更多功能，如图 5.9 所示。

图 5.9　百度智能云一念更多功能

第三步：选择智能配音，如图 5.10 所示。

图 5.10　文字内容输入

第四步：在文字内容处输入文本信息，在左侧选择不同声效，如图 5.11 所示。

图 5.11　声效选择

第五步：调整后可在线试听或下载到本地，如图 5.12 所示。

图 5.12　智能配音下载

5.2.2 TTSMaker

图 5.13　TTSMAKER 首页

TTSMaker 是一款免费的文本转语音工具，提供语音合成服务，支持包括中文、英语、日语、韩语、法语、德语、西班牙语、阿拉伯语等 50 多种语言，以及超过 300 种语音风格。用户可以用它制作视频配音，也可用于有声书朗读，或下载音频文件用于商业用途（完全免费）。作为一款优秀的 AI 配音工具，TTSMaker 可以轻松地将文本转换为语音，如图 5.13 所示。

TTSMaker 的使用步骤

第一步：注册与登录

访问 TTSMaker 的官方网站，完成注册并登录账号。

第二步：输入文本

在指定的文本框中输入需要转换为语音的内容，如图 5.14 所示。

第三步：选择语音类型和参数

根据需求从众多的语音选项中选择合适的声音，并调整语速、语调等参数。

图 5.14　TTSMAKER 输入文字

| 第五章　AI 音视频生成 |

图 5.15　TTSMAKER 选择语言

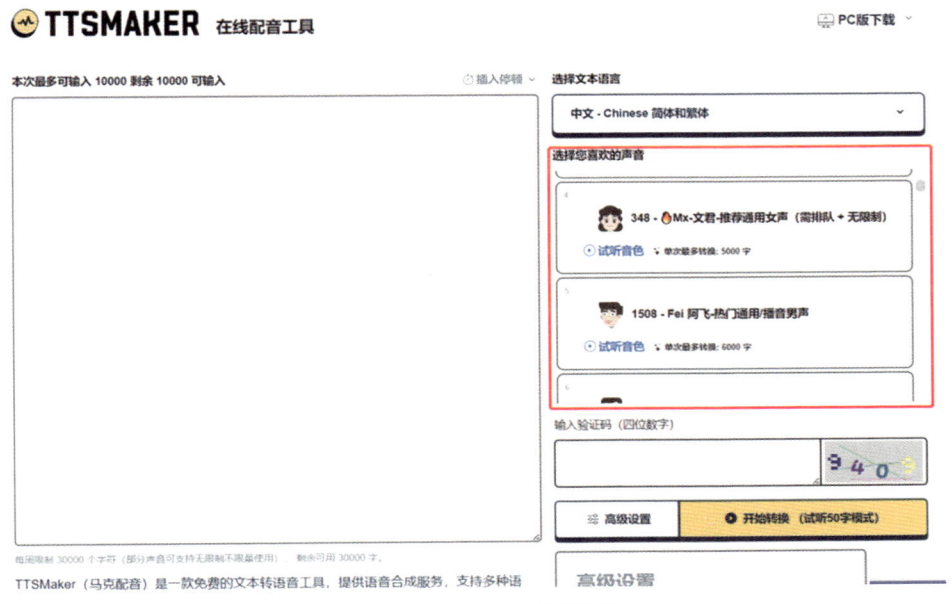

图 5.16　TTSMAKER 声效选择

图 5.17　TTSMAKER 高级设置

第四步：生成语音

点击生成按钮，等待系统处理并生成语音。TTSMaker 下载文件，如图 5.18 所示。

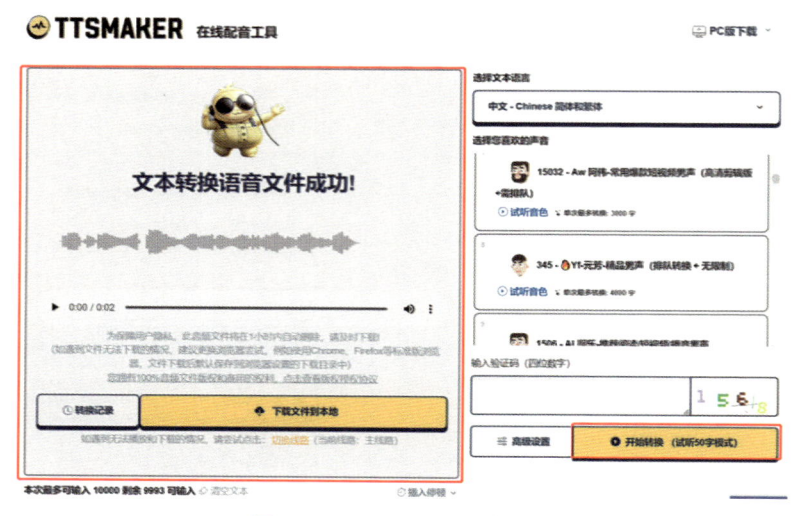

图 5.18　TTSMAKER 下载文件

第五步：试听与调整

对生成的语音进行试听，如不满意，可返回重新调整参数。

第六步：下载与保存

确认满意后，将生成的语音下载并保存到本地设备。

5.3 AI 音乐合成平台的使用

在音乐的领域中，AI 音乐合成平台宛如一座充满奇幻色彩的魔法城堡，正逐渐向我们敞开其神秘而又令人惊叹的大门。当我们踏入这个由科技与艺术交织而成的奇妙世界，仿佛置身于一个无限可能的创意空间，每一个音符都蕴含着创新的力量与惊喜。AI 音乐合成平台以其独特的魅力和强大的功能，改变着音乐创作与制作的方式，为音乐爱好者、创作者以及专业人士带来了前所未有的体验与机遇。

Suno AI 音乐

在当今的数字时代，音乐创作的方式正在发生着深刻的变革。Suno AI 生成音乐平台作为创新的代表，为音乐爱好者和专业创作者提供了全新的可能性。

Suno AI 利用先进的人工智能技术，能够根据用户的输入和需求，快速生成富有创意和独特风格的音乐作品。无论是为视频配乐、创作背景音乐，还是探索新的音乐灵感，Suno AI 都展现出了强大的功能。

1. 如何创作歌曲

选择左侧菜单的创作页面，在输入框输入歌曲描述可以选择是否为纯音乐，然后点击创作按钮，大概等待 1 分钟，右边列表可显示生成中的音乐进度，生成完成会展示完整。Suno 常规模式，如图 5.19 所示。

用户也可以选择自定义模式，输入歌词、风格跟标题，AI 会根据歌词生成一首音乐。

图 5.19 Suno 常规模式

系统也可以随机生成歌词，或者用户输入文字，系统会根据输入的关键词进行联想生成歌词。Suno 自定义模式歌词输入，如图 5.20 所示。

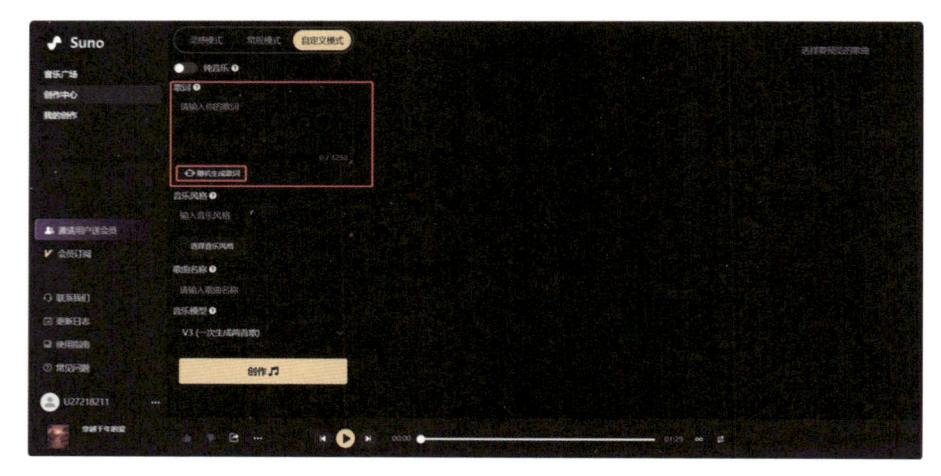

图 5.20 Suno 自定义模式歌词输入

歌曲描述：不懂音乐也没有问题，只需要尝试搭配一些提示词就好。

提示词参考：前奏、主歌、副歌、桥段、间奏、尾声。

2. 如何加长歌曲

注意：需要使用自定义模式下生成的第一段后，才能进行继续生成来达到延长时间。

第一步：单击要延伸的片段右侧的三个点／椭圆。

第二步：选择"从此处继续生成"，如图 5.21 所示。

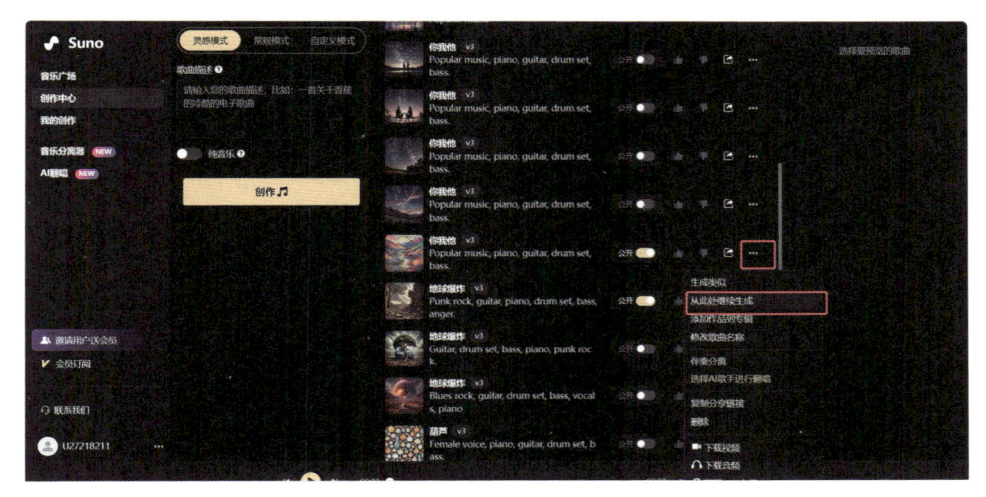

图 5.21　Suno 歌曲从此处继续生成

第三步：所选音乐将显示在屏幕左侧的提示部分。

第四步：添加下一段歌词或上传参考音乐，Suno 继续创作，如图 5.22 所示。

图 5.22　Suno 继续创作

第五步：点击继续生成按钮。

第六步：要将整首歌曲拼接在一起，请再次单击省略号并选择"获取完整歌曲"。

图 5.23　Suno 获取整首歌曲

3. 默认模式（灵感模式）创作

可以对一首歌简单描述，不必要把歌词说清楚，说得越具体，AI 对歌曲的创作越窄。如果需要制作一首背景音乐，则需要把纯音乐按钮勾选，并输入想要背景音乐的相关信息，如情绪、风格、相关乐器等。Suno 灵感模式，如图 5.24 所示。

图 5.24　Suno 灵感模式

4. 自定义模式创作

歌词的输入最好控制在每段 4—8 行左右，生成的效果最好，在提示中使用换行符，并在主歌、副歌等之间再加一行空白。下面是一个格式良好的例子：

[Intro]

[Verse]
在浩瀚夜空下仰望
星星闪烁着希望光芒
心中的梦想如烈火燃烧
不怕路途有多少阻挡

[Chorus]
星辰指引方向
梦想展翅飞翔
穿越黑暗的夜
迎接黎明的光

[Verse]
风在耳边轻轻吟唱
鼓励我勇敢去闯
每一步都坚定而有力
向着远方不停歇地闯

[Chorus]
星辰指引方向
梦想展翅飞翔
穿越黑暗的夜
迎接黎明的光

[Bridge]

梦想不会遗忘

信念在心中藏

无论风雨怎样

都要勇敢前往

[Chorus]

星辰指引方向

梦想展翅飞翔

穿越黑暗的夜

迎接黎明的光

在星辰之下追逐梦想

永不停歇的脚步

向着未来　全力以赴

[Outro]

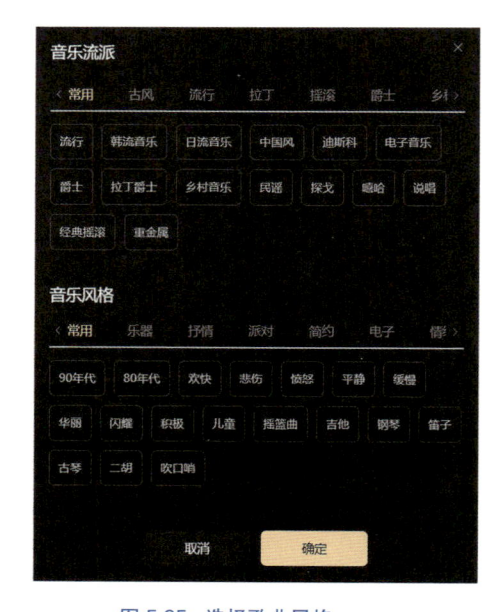

图 5.25　选择歌曲风格

输入完成后选择相应的歌曲风格。选择歌曲风格，如图 5.25 所示。最后点击创作。

5.4 AI 视频生成

在当今数字化的时代浪潮中，AI 视频生成犹如一颗璀璨的新星，闪耀着令人瞩目的光芒。它以强大的技术实力和创新能力，为视频创作领域带来了翻天覆地的变革。当我们步入这个由 AI 视频生成所塑造的全新世界，仿佛置身于一座充满无限可能的视觉艺术殿堂，每一个画面都承载着创意的火花与未来的憧憬。

5.4.1 度加创作工具

度加创作工具是由百度出品、人人可用的 AIGC 创作工具网站。度加致力于通过 AI 能力降低内容生产门槛，提升创作效率，一站式聚合百度 AIGC 能力，引领跨时代的内容生产方式。度加的主要功能包括 AI 成片（图文成片/文字成片）、AI 笔记（智能图文生成）、AI 数字人等。自 2022 年 3 月百家号开放内测以来，一年时间共计超过 45 万百度创作者使用 AIGC 技术能力，创作 700 多万篇作品，百度累计分发量超过 200 亿。度加创作工具首页，如图 5.26 所示。

图 5.26 度加创作工具首页

度加创作工具的使用：

第一步：打开官方网页 https://aigc.baidu.com/home。

第二步：输入文案生成视频。粘贴或编辑文案上传，并点击一键成片。

图 5.27 输入文案

第三步：编辑生成的视频。

图 5.28 编辑视频

5.4.2 有言一站式 AIGC 视频生成平台

有言是一款一站式 AIGC 视频创作平台，无须拍摄，也无须真人出镜（站内拥有上千个高质量超写实3D虚拟人角色），仅需通过生成内容、编辑镜头、视频包装三步操作，即可打造一个高质量的3D视频。如图5.29所示。

图5.29 有言首页

图5.30 有言介绍模板选择

在模板选择中可选择相应的固定场景模板，如图5.31所示。

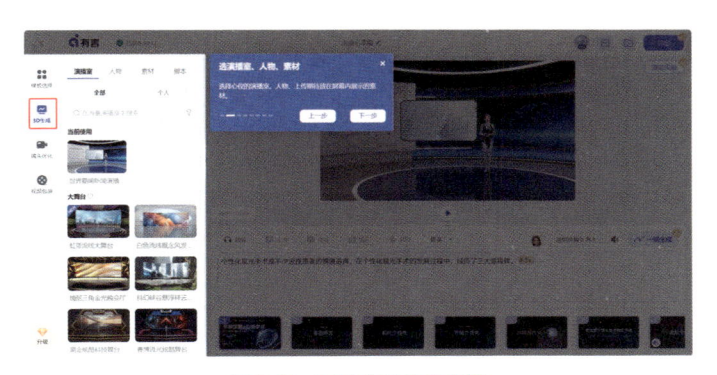

图5.31 有言介绍场景选择

在 3D 生成界面可选择相应的演播室、人物、素材、脚本，如图 5.32 所示。

图 5.32　有言介绍编辑脚本

可编辑脚本，写明对细节的要求，如图 5.33 所示。

图 5.33　有言介绍自定义景别

在编辑镜头处可指定片段的景别，如图 5.34 所示。

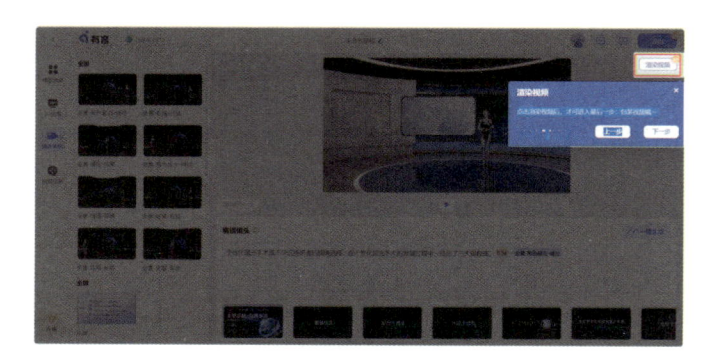

图 5.34　有言介绍渲染视频

最后可以对视频进行渲染包装，如图 5.35 所示。

图 5.35　有言介绍包装视频

后期可对视频进行编辑，包含添加音乐、音效、文字模板、片头片尾等，如图 5.36 所示。

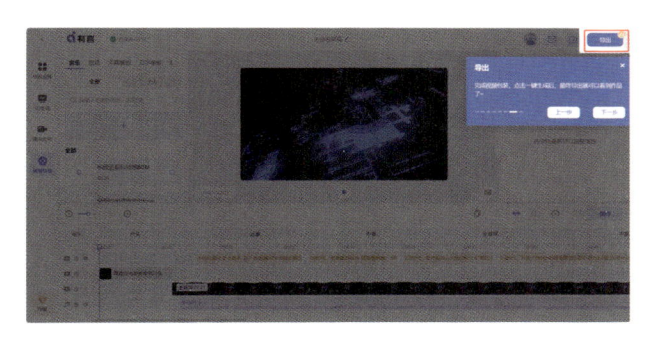

图 5.36　有言介绍导出

完成视频包装后可点击一键生成，最后导出就可以看到作品。

5.4.3 一帧秒创

一帧秒创是由百度团队打造的国内首个 AI 视频创作平台。用户只需要提供一段文字或图片素材，即可将其变成一个完整的视频内容。

一帧秒创主要有三个特点：

可以用文字、图片、声音等多种方式表达，让创作变得更简单；可生成高质量的 AI 视频；AI 数字人可以与用户进行交互。

自动生成高质量 AI 视频

一帧秒创的"AI 视频生成"功能,可以自动将文本或图片转化为高质量的视频内容,并且在视频生成过程中,它还会根据用户输入的关键词进行多层语义理解。

以文本生成为例,当输入文字"我想和你一起看电影"时,一帧秒创可以自动生成《寻梦环游记》中的经典台词,并且还能自动匹配影片中出现的音乐和画面。

当输入"我想和你一起看电影"时,一帧秒创还可以自动匹配《星际穿越》中出现的经典音乐和画面,让视频更加具有感染力。

除了中文外,一帧秒创还能生成英文、日文、韩文等多种语言的视频,并能根据用户输入的关键词进行多层语义理解。

智能生成虚拟人物

目前,一帧秒创支持虚拟形象、虚拟数字人、虚拟主播三种类型,未来还将持续拓展更多种类。

虚拟形象可以帮助用户进行各种创意表达,比如当用户希望制作一个具有电影质感的视频时,可以直接使用一帧秒创中的"电影"模板进行制作;当用户想要制作一个具有 3D 效果的视频时,只需将素材上传至一帧秒创,就能直接生成 3D 的数字人;当用户想要制作一个具有自然语言处理能力的虚拟主播时,只需上传素材,就可以实现与主播实时交流,并带给用户流畅自然的直播体验。

随着技术的不断发展和进步,未来还将为用户提供更多类型和更具创意的虚拟人。

与用户进行交互

一帧秒创通过与百度大脑、百度智能云的技术融合,可实现虚拟数字人的交互。用户可以在一帧秒创上创造属于自己的虚拟人形象,与其进行简单的语音或文字交流。

此外,一帧秒创还支持在视频中插入自己的声音,以展示自己的个性。

目前，一帧秒创已经与二十多家国内视频平台达成合作，用户可以通过一帧秒创使用视频内的语音和文字描述来与虚拟人进行对话。

一帧秒创的使用步骤

第一步：进入一帧秒创首页，如图 5.37 所示。

图 5.37　一帧秒创首页

第二步：进入文字转视频页面，如图 5.38 所示。

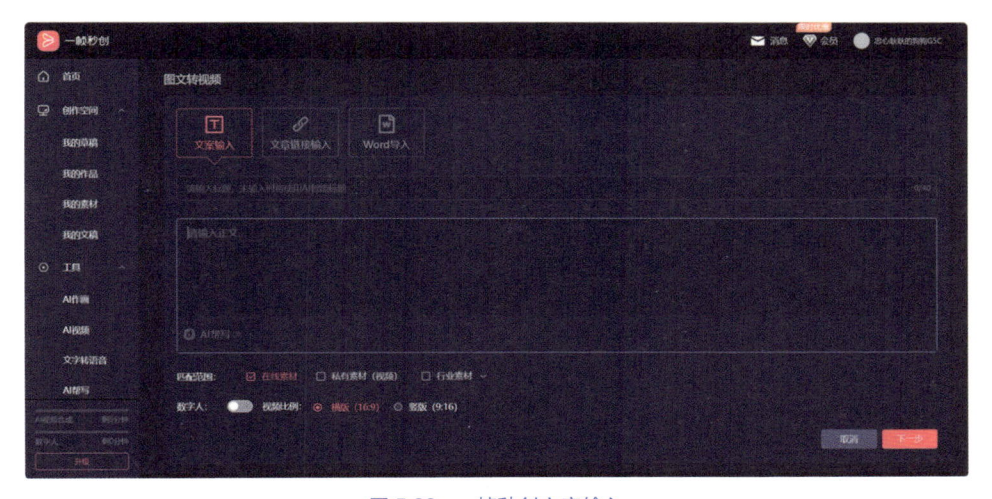

图 5.38　一帧秒创文字输入

输入脚本点击下一步。

第三步：选择分类，如图 5.39 所示。

图 5.39　一帧秒创选择分类

点击下一步生成视频。

第四步：编辑生成的视频，如图 5.40 所示。

图 5.40　一帧秒创编辑视频

编辑视频可更换场景、添加配音、更换背景、添加 LOGO 等。

5.4.4 即梦 AI

即梦 AI 是一款具有强大功能的人工智能工具，它在图像和视频生成方面展现出了出色的能力，为创作者提供了新的创作途径和可能性。本章将详细介绍即梦 AI 的各项功能及使用方法，帮助用户更好地了解和运用这一工具。

即梦 AI 的主要功能

➤ 图片生视频：用户可以上传一张或多张图片，即梦 AI 能将其转化为动态视频。通过"使用尾帧"功能，还可以决定视频最后的走向，并能通过文字描述在一定程度上控制视频的发展。

➤ 文本生视频：无须输入图片，直接输入想要的文本内容，然后调节相应参数，如运镜控制、视频比例和运动速度等，即梦 AI 便能生成对应的视频。其中运镜控制可模拟镜头的推拉摇移，让视频更加生动；视频比例能根据需求选择合适尺寸；运动速度则控制画面的快慢，使视频节奏符合要求。

使用即梦 AI 的方法

第一步：注册与登录。访问即梦 AI 的官方平台，根据提示进行注册并登录账号。

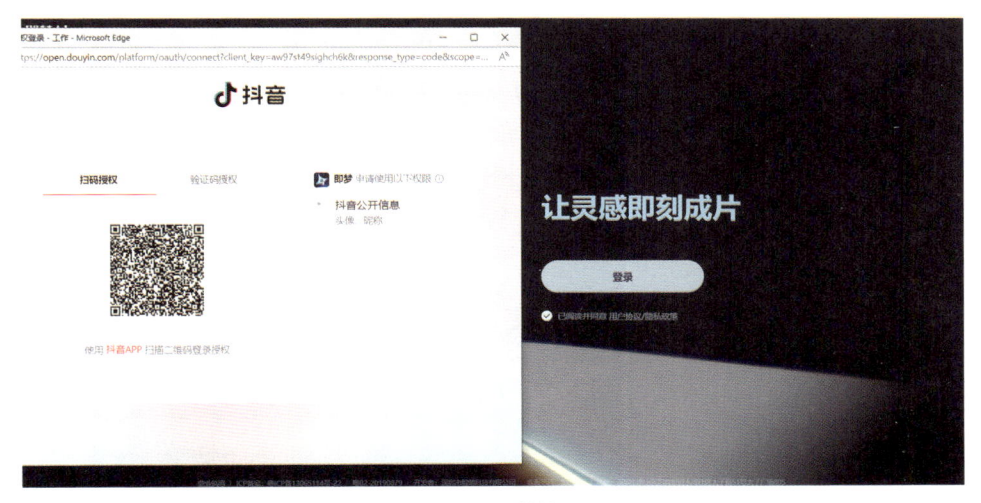

图 5.41　即梦首页

图 5.42 即梦选择身份

图 5.43 即梦选择创作内容类型

第二步：选择 AI 视频生成，如图 5.44 所示。

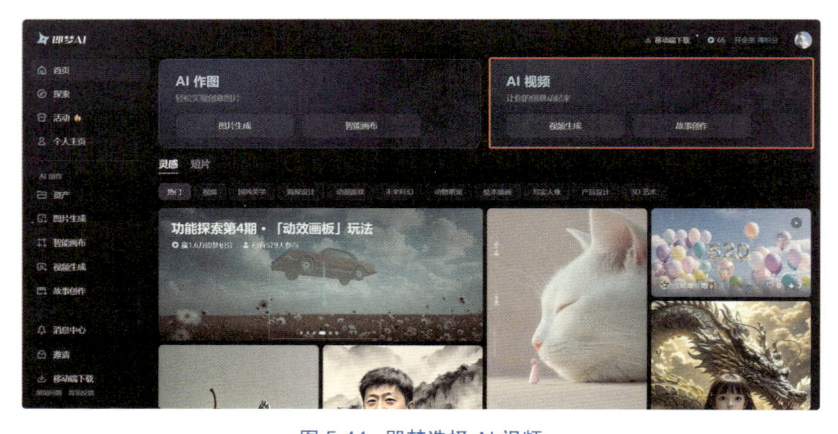

图 5.44 即梦选择 AI 视频

▶ 220 ◀

1. 选择视频生成按钮，如图 5.45 所示。

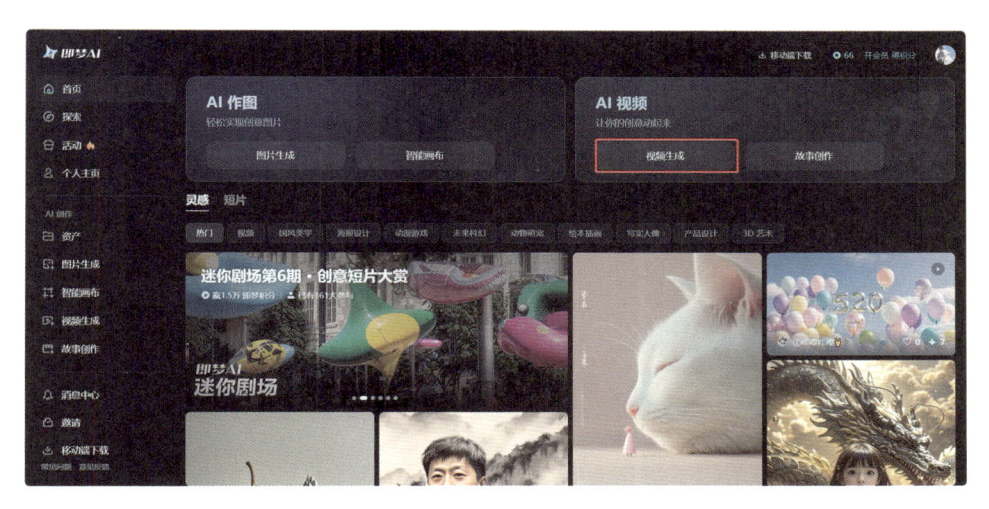

图 5.45　点击视频生成按钮

在视频生成界面包含两种模式：图片生视频、文本生视频。

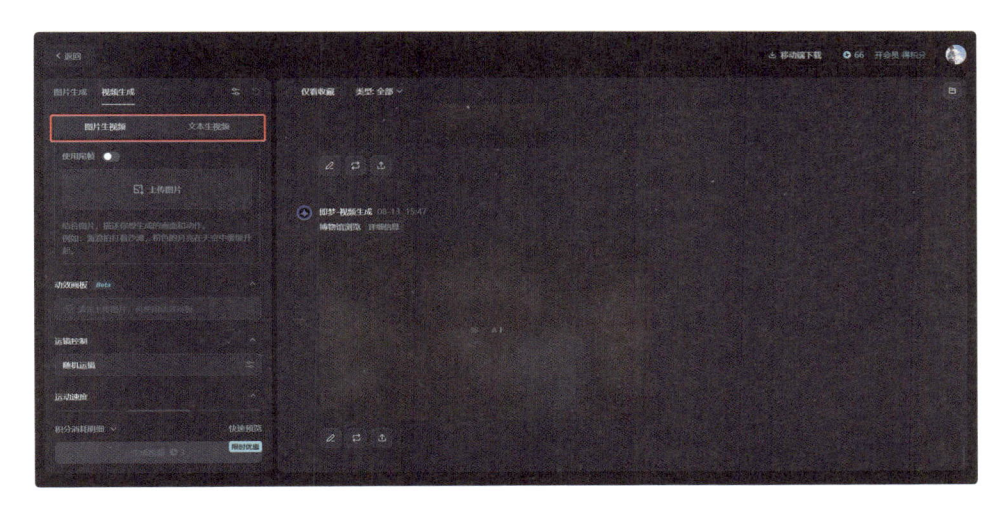

图 5.46　两种生成视频模式

图片生成视频，选择需要生成的图片进行上传。

图 5.47 上传图片位置

对需要生成的图片进行描述，如图像中的镜头、颜色、运动物体等。

图 5.48 即梦图片生成视频描述

文本生成视频只需要做文字描述。

图 5.49 输入文本位置

最后选择相机对应参数，选择视频模式，选择生成时长点击生成视频，如图 5.50 所示。

图 5.50 即梦生成视频

2. 选择故事创作，如图 5.51 所示。

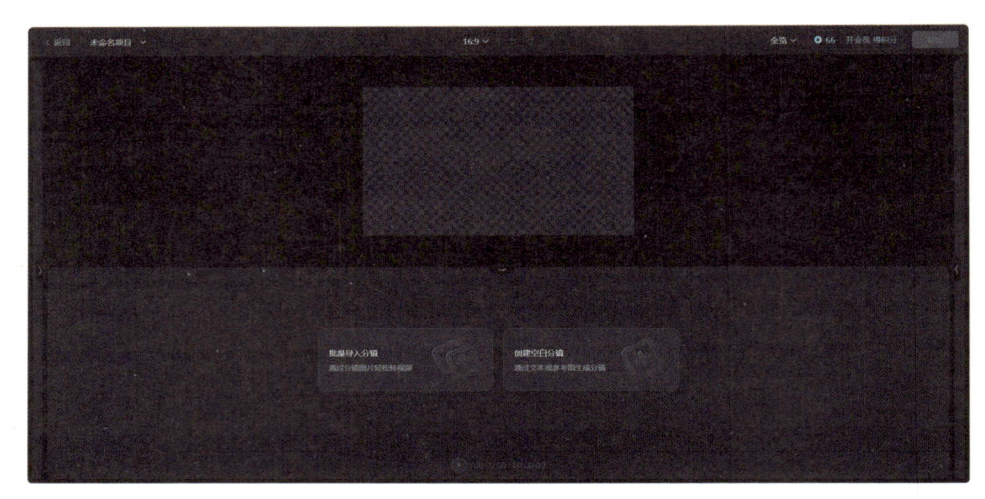

图 5.51 故事创作界面

在右上角可命名项目，可以选择批量导入分镜也可选择创建空白分镜。批量导入可由本地导入或者素材库（自己生成的图片或视频）中导入，如图 5.52 所示。

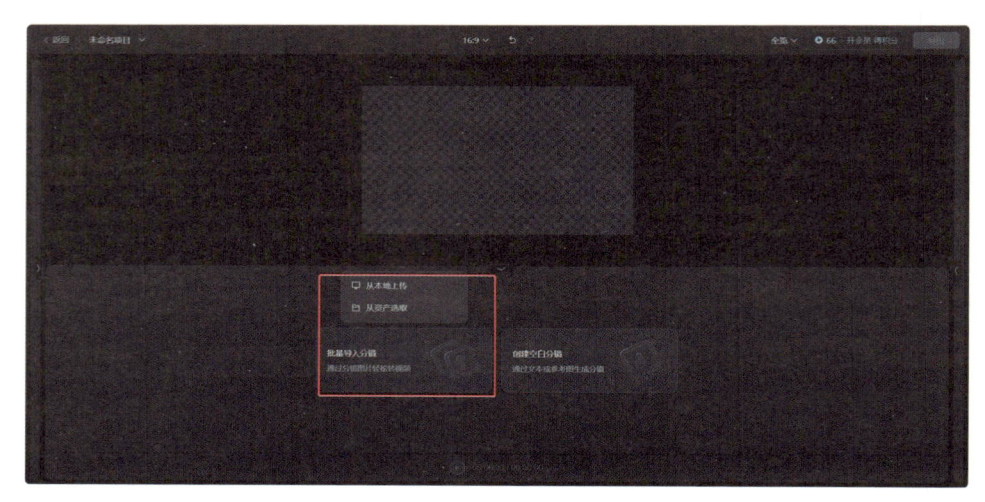

图 5.52 批量导入分镜选项

创建空白分镜后可进入创作阶段。分镜可单独进行编辑，进行图片上传或直接进行镜头描述，下方也可添加素材和音频，如图 5.53 所示。

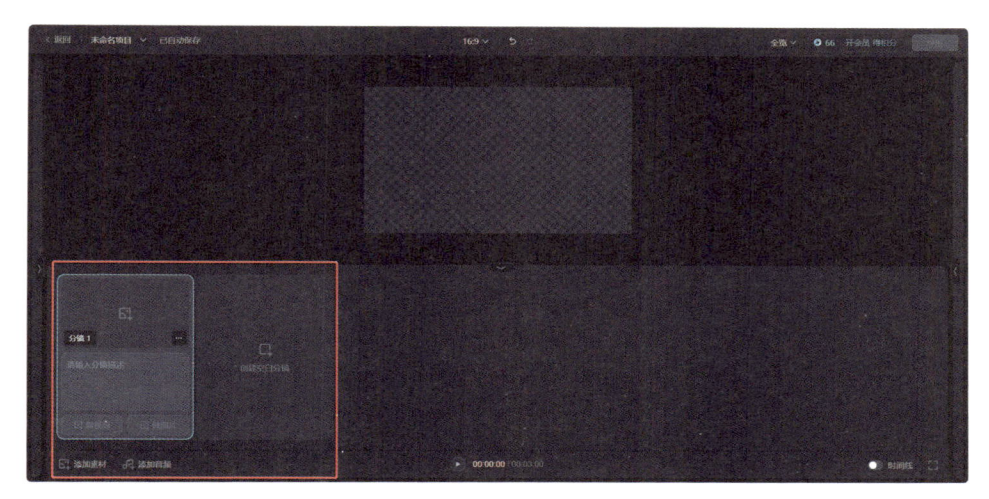

图 5.53　编辑分镜脚本

创建完成后可进行线性播放，如图 5.54 所示。

图 5.54　编辑生成的短片

最后可点击右上角导出视频，可一次性导出成片或者将全部镜头素材批量下载到本地，如图 5.55 所示。

图 5.55　导出视频

小结

随着 AIGC 技术的不断发展，音视频生成工具如雨后春笋般涌现。这些工具以其高效性，极大地缩短了音视频制作的时间周期。创作者不再需要耗费大量时间进行烦琐的拍摄、录制和后期制作流程，仅需输入关键信息，就能在短时间内获得高质量的音视频作品。

其创意性更是为创作者打开了全新的视野。通过分析海量优秀作品，AI 音视频生成工具能够学习各种风格和表现手法，并为创作者提供丰富的灵感。无论是独特的音乐旋律、节奏，还是引人入胜的视频画面风格和特效，都能根据用户需求进行个性化定制，满足不同创作者的独特创意追求。

在便捷性方面，这些工具操作简单，无须专业的音视频制作知识也能轻松上手。在线使用的特性让创作不再受时间和地点的限制，随时随地都能开启创作之旅。

展望未来，AI 音视频生成工具将更加智能化，融合更多先进技术，注重个性化定制，并实现跨平台应用。相信随着技术的不断进步，AI 音视频生成技术将在更多领域绽放光彩，为我们的生活带来更多的精彩与惊喜。

第六章

AIGC+ 产业应用

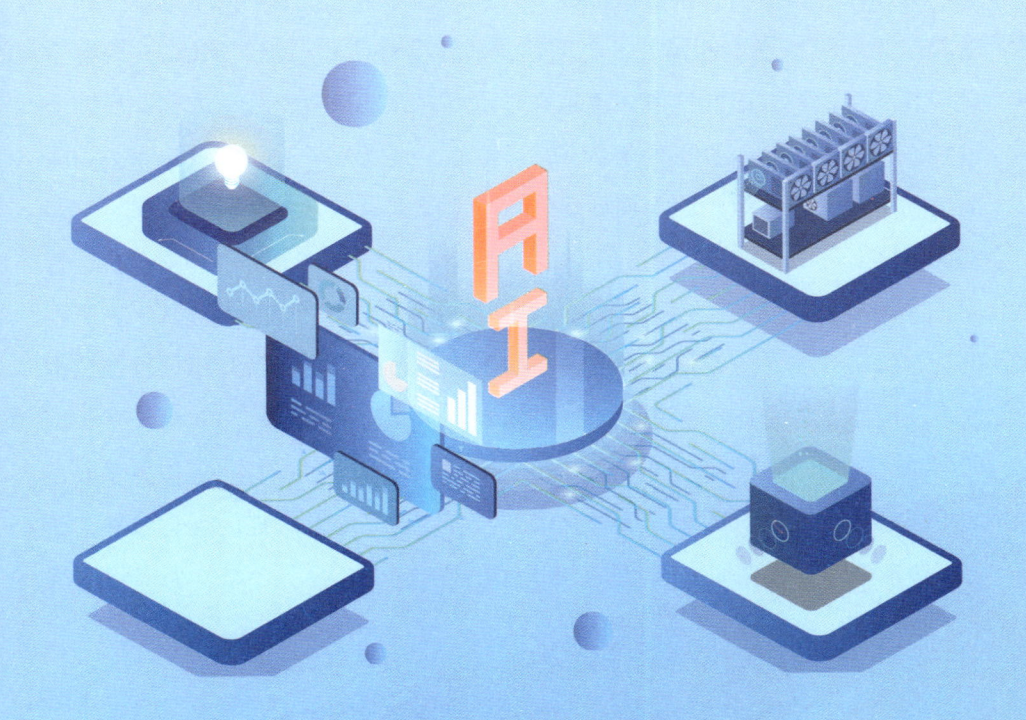

AIGC 在产业领域正掀起一场重大变革，并在多个产业领域展现出巨大的应用潜力。例如在设计领域，AIGC 能够快速生成创意方案，为设计师提供灵感启发，极大地提高设计效率和质量。游戏产业中，AIGC 可用于生成游戏场景、角色形象等，丰富游戏内容，提升玩家体验。影视行业里，AIGC 能辅助剧本创作、特效制作等环节，降低制作成本，加快影视项目的推进速度。在企业办公方面，AIGC 可以提高办公效率，减少人力投入。总之，AIGC 正逐渐成为各产业创新发展的重要驱动力，为不同领域带来新的机遇和变革，为未来的发展开辟广阔的前景。

6.1 AIGC+ 电商行业应用

AIGC 在电商领域的应用，通过对人、货、场的链接加以优化，并采用多元化的营销办法，提高商家的供应质量与响应速度。在电商行业，其应用极为广泛，比如文本生成在撰写营销文案时被普遍运用；图像生成海报等创意性图片在创作中被频繁尝试；数字人直播也开始在直播电商中加以应用。随着互联网渗透率不断提升，电商运营的重要性日益凸显，AIGC 在内容生成、智能营销等方面的价值体现越来越重要。在图像素材处理方面，目前通过 ChatGPT 已经处理图像素材 2W+，涵盖公司 50 余种产品大类，未来公司将继续利用其深挖图像领域的模型优化，为全类别商品素材生成与图像标签识别提供更多帮助。例如华凯易佰将 AIGC 技术应用于智能刊登、智能调价、智能广告等多个运营环节。预计未来可在智能选品开发、商品图片生成、客服、备货、价格预测、广告智能投放等方向进一步拓展应用，提升相关智能技术效率，构建竞争优势，并降低营业成本。

总之，AIGC 在电商中的应用非常广泛，可以从商品制作、虚拟数字人、虚拟场景等方面进行赋能。这些应用不仅可以提高电商直播的视觉效果，还可以为消费者提供更加优质的服务和购物体验。

6.2 AIGC+ 游戏行业应用

AIGC 在游戏行业的应用正引发一场深刻的变革，为游戏的开发、体验和运营带来了全方位的创新和提升。在游戏开发过程中，AIGC 极大地提高了效率和创意。它能够自动生成游戏的地形、场景和建筑等元素，快速构建出丰富多样且逼真的游戏世界。同时，AIGC 还可以辅助设计角色的外观、动作和表情，为角色赋予独特的个性和魅力。在游戏剧情创作方面，AIGC 能够根据设定的主题和背景，生成富有想象力和复杂性的故事线和任务，为玩家带来全新的冒险体验。

AIGC 正深刻地影响着游戏产业未来发展格局，并驱动游戏产业变革。语音生成、原画生成、视频动捕、模型生成等多个关键生产环节，人工智能为当前很多游戏制作公司带来工作效率的提升，它极大地提升了游戏的策划、音频、美术、程序等环节的生产力，压缩了游戏整体项目的研发周期，也大幅降低游戏制作成本，对游戏行业是个颠覆性的变革。

6.3 AIGC+ 广告行业应用

AIGC 在广告行业的应用非常广泛，其在广告创意生成方面展现出了强大的能力。它能够根据产品特点、目标受众和市场趋势，快速生成新颖独特的广告创意概念。例如，对于一款新型智能手表，AIGC 可以基于其功能特性，如健康监测、时尚外观等，构思出一系列引人注目的广告创意，有强调个性化定制的"专属你的健康伴侣"，或者突出时尚感的"腕间的时尚密码"。在广告图像和视频制作方面，AIGC 的应用更是广泛，它可以根据品牌风格和广告需求，生成精美的图片和视频素材。

同前，AIGC 在广告行业的应用正在不断拓展和深化，为广告从业者提供了更多的创意空间和工具，帮助品牌更好地与消费者建立联系，实现更精准、更有效的营销传播。生成式 AI 可能会让广告进入极致个性化时代，这将带来效率和体验的极大提升，AIGC 在广告行业的应用，一方面可以减少搜索、内容生产、人力决策成本，提升广告个性化和客户满意度，实现降本增效；另一方面也有可能替代基础的文案、设计、插画师、策略人员。未来，随着 AIGC 技术的持续发展和完善，在广告行业的作用将更加显著，为行业带来更多的创新和突破。

6.4 AIGC+ 影视行业应用

AIGC 在影视行业的应用正带来前所未有的变革。在剧本创作方面，它能够为编剧提供创意启发和辅助，并通过对大量优秀剧本的学习和分析，生成初步的故事梗概、人物设定和情节框架。在后期剪辑阶段，AIGC 也发挥着重要作用。它能够自动分析影片素材，根据预设的风格和节奏要求，进行初步的剪辑和拼接。这不仅节省了人力和时间成本，还能为剪辑师提供更多的创意选择。此外，AIGC 还能用于影视宣传。它可以根据影片的特点和目标受众，生成个性化的宣传文案、海报设计和预告片。在电视剧领域，AIGC 也逐渐崭露头角。比如一些剧集在制作过程中，利用 AIGC 来优化字幕生成、快速筛选合适的拍摄镜头等。

总的来说，AIGC 为影视行业带来了创新和突破，提升了制作效率和质量，为观众带来更加精彩和震撼的视听体验。运用 AIGC 技术能激发影视剧本创作思路，扩展影视角色和场景创作空间，极大地提升影视产品的后期制作质量，帮助实现影视作品的文化价值与经济价值最大化。

6.5 AIGC+ 出版行业应用

在内容创作方面，AIGC 能够辅助作者生成初稿、提供创意灵感和构思框架。例如，对于小说创作，AIGC 可以根据给定的主题、人物设定和情节线索，生成初步的章节内容，作者在此基础上进行修改和完善，大大提高了创作效率。对于非虚构类作品，如科普读物、传记等，AIGC 能够帮助整理资料、提炼关键信息，并以清晰的语言进行表述。在编辑环节，AIGC 可以对文本进行语法和拼写检查、优化句子结构，提高文本的质量和可读性。它还能够分析文本的风格和语气，确保整个作品的一致性。在选题策划方面，AIGC 能够通过对市场读者需求的分析，为出版机构提供有价值的选题建议。它可以预测哪些主题和类型的书籍可能更受读者欢迎，帮助出版机构做出更明智的决策。

6.6 AIGC+ 文旅行业应用

AIGC 在文旅领域的应用场景日益广泛。在旅游营销中，AIGC 能够生成吸引人的宣传文案、海报和视频。通过对目的地特色和目标受众的深入理解，创作出个性化的营销内容。某山区旅游景区利用 AIGC 生成的富有创意的宣传海报和文案，成功吸引了大量年轻游客前来探险。在文化遗产保护与传承方面，AIGC 可以对文物进行数字化修复和重建。通过对受损文物的扫描和分析，利用人工智能技术恢复其原本的风貌。例如，某历史博物馆借助 AIGC 技术，让一件残缺的古代陶瓷器在数字世界中重现完整。在旅游服务中，AIGC 驱动的智能客服能够为游客提供 24 小时不间断的服务，快速准确地回答游客的问题。某大型旅游在线平台引入 AIGC 智能客服后，游客咨询的响应时间大幅缩短，满意度显著提高。在文化创意产品开发上，AIGC 可以激发灵感，生成独特的设计方案。比如，一些文化创意公司利用 AIGC 设计出具有地方特色的纪念品，深受游客喜爱。

AIGC 在文旅领域的应用正在不断拓展和深化，为文旅产业的发展注入了强大的动力，不仅提升了游客的体验，也为文化的传承和创新提供了新的途径和方法。相信在未来，AIGC 会在文旅领域发挥更加重要的作用，创造更多的可能性。

6.7 AIGC+ 元宇宙行业应用

AIGC 在元宇宙中有广泛的应用前景。元宇宙是一个虚拟的三维世界，与现实世界高度互联，具有丰富的交互性和内容生成性。在虚拟角色创建方面，AIGC 也发挥了重要作用。它能够根据设定的特征和需求，自动生成具有独特外貌、性格和行为模式的虚拟角色。例如，在某款元宇宙游戏中，玩家输入一些关键描述，如"勇敢的女战士""智慧的魔法师"等，AIGC 就能迅速创建出符合这些特征的角色形象，包括面部表情、服装风格和武器装备等，极大地丰富了玩家的角色选择和个性化体验。在虚拟环境构建上，AIGC 可以快速生成逼真的地形、建筑和景观。比如，一个元宇宙的城市构建项目，AIGC 能够依据历史数据和设计理念，生成风格各异的街道、建筑和公共设施。这不仅节省了大量的人力和时间成本，还能创造出充满想象力和多样性的虚拟空间。AIGC 在内容创作方面可以生成故事脚本、对话和任务情节等。在一个以冒险为主题的元宇宙世界中，AIGC 创作出了一系列充满悬念和挑战的任务，让玩家在探索过程中始终保持高度的兴趣和参与度。在实时交互方面，AIGC 能够根据玩家的行为和情境，动态生成相应的反馈和响应。例如，当玩家在元宇宙中与虚拟角色交流时，AIGC 可以实时生成自然流畅的对话，使交互更加真实和有趣。AIGC 还被应用于元宇宙中的智能 NPC。这些 NPC 可以通过 AIGC 学习和模拟人类的行为和情感，与玩家进行更加复杂和深入的互动。在一个社交型元宇宙平台中，智能 NPC 可以根据玩家的情绪和话题，提供贴心的建议和陪伴。在虚拟物品设计方面，AIGC 也展现出了独特的价值。它能够创造出各种独特的虚拟饰品、道具和艺术品。某元宇宙艺术展览中，AIGC 生成的虚拟艺术品吸引了众多参观者，其独特的风格和创意令人赞叹。

综上所述，AIGC 在元宇宙行业中的应用涵盖了从虚拟角色创建、环境构建到内容创作和交互体验等多个方面，为元宇宙的发展带来了无限可能，不断丰富着人们在虚拟世界中的体验和探索。

小结

AIGC 作为一项具有变革性的技术，正在广泛而深入地融入各个产业。它为产业带来了前所未有的创新和效率提升。AIGC 在内容创作方面，大大缩短了生产周期，同时保证了一定的质量和创意。无论是文字、图像还是音频、视频，它都能高效产出。AIGC 还促进了产业的智能化发展。它能够模拟人类的思维和创造力，为产品设计、服务优化等提供新颖的思路和解决方案。此外，使用 AIGC 有助于降低产业成本，通过自动化的生成和处理，减少了对人力和时间的依赖，提高了资源的利用效率。并且，AIGC能够快速适应市场的变化和需求，帮助企业在竞争激烈的环境中保持敏捷和竞争力。

当前，AIGC已经成为产业发展的重要驱动力，为各行业带来了新的机遇和挑战，未来其在产业中的应用和影响还将不断得到深化和拓展。

第七章

AIGC 的机遇与挑战

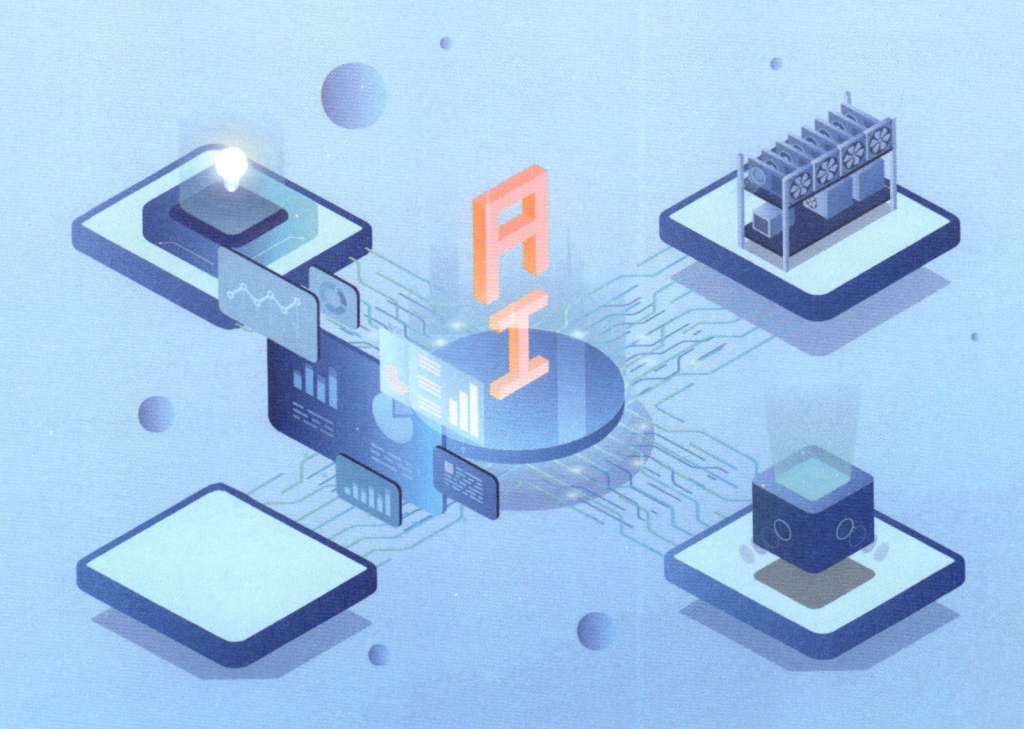

在当今时代，AIGC 如同一股强劲的旋风，席卷而来，深刻地改变着我们的生活与未来。在这场科技变革中，机遇与挑战并存。而当我们聚焦于 AIGC 的机遇与挑战这一主题时，首先映入眼帘的是 AIGC 时代那令人振奋的机遇画卷。它似一座蕴藏着无尽宝藏的矿山，等待着我们去挖掘、探索。

7.1 AIGC 时代的机遇

在科技浪潮汹涌澎湃的当下，人类已然步入了 AIGC 时代。AIGC，即人工智能生成内容，犹如一颗璀璨的新星在时代的苍穹中熠熠生辉。它带来的不仅仅是技术的革新，更是一场前所未有的机遇风暴。当我们以开放的心态和敏锐的目光去审视这个崭新的时代，便会惊喜地发现，AIGC 为我们打开了无数扇通往未来的大门，每一扇门后都蕴含着无尽的可能与希望。

7.1.1 创新驱动的新起点

在当今数字化时代，AIGC 的崛起无疑为创新领域开辟了一片崭新的天地，成为了创新驱动的强大新起点。

AIGC 为创意产业注入了源源不断的活力。以广告设计为例，过去设计师们往往依靠个人的经验和灵感来构思创意，这个过程可能充满了不确定性和漫长的等待。然而，现在有了 AIGC 技术的加持，情况发生了根本性的改变。AIGC 能够在极短的时间内生成大量富有想象力和独特性的设计草图和概念。这些初步的创意不仅数量众多，而且风格多样，涵盖了从简约现代到复古华丽等各种不同的风格。设计师们不再需要从零开始，而是可以在 AIGC 生成的丰富素材中筛选出符合项目需求和创意方向的元素，进而在此基础上进行深化和完善。例如，某知名广告公司在为一款新型智能手机策划广告时，利用 AIGC 生成了数百种不同的广告创意概念，包括独特的视觉表现手法、富有感染力的广告语以及创新的互动形式。经过团队的精心挑选和进一步打磨，最终推出的广告在市场上引起了巨大的轰动，有效提升了产品的知名度和销量。

在影视创作领域，AIGC 同样展现出了巨大的创新潜力。在传统的影视创作过程中，编剧和导演需要花费大量的时间进行头脑风暴，构思故事情节、角色设定和场景规划。这不仅是一个耗费精力的过程，还可能受到个人思维局限的影响。AIGC 的出现改变了这一局面。它能够快速生成剧本大纲、角色设定甚至是初步的分镜头脚本。这些生成的内容可能包含了一些前所未有的情节转折、独特的角色性格和新奇的场景构想，为编剧和导演们提供了全新的创作视角和灵感来源。比如，一部科幻电影在创作初期，创作团队便陷入了创意瓶颈，无法确定一个既能吸引观众又具有创新性的故事主线。这时，他们借助 AIGC 生成了多个不同的故事梗概，其中一个关于人类在遥远星系中与神秘外星生物建立特殊联系的创意引起了团队的极大兴趣。以此为基础，经过进一步的细化和完善，最终打造出了一部具有开创性的科幻巨作，其震撼的视觉效果、扣人心弦的剧情和深刻的主题内涵赢得了观众和评论家的高度赞誉。

不仅在广告和影视领域，AIGC 在音乐创作方面也带来了突破性的变革。音乐创作一直以来都被认为是高度依赖人类情感和灵感的艺术形式，但 AIGC 的出现为这一领域注入了新的活力。它可以根据特定的音乐风格、主题和情感氛围生成旋律片段、和弦甚至是初步的编曲框架。对于音乐家们来说，这些由 AIGC 生成的音乐元素就像是一颗颗灵感的种子，能够激发他们进一步创作出完整而动人的音乐作品。一位独立音乐人在创作过程中遇到了灵感枯竭的困境，尝试使用 AIGC 生成了一段旋律。这段旋律独特的节奏和音符组合瞬间点燃了他的创作激情，他围绕这段旋律进行了扩展和丰富，添加了歌词、和声和各种乐器的演奏，最终创作出了一首登上音乐排行榜的热门歌曲。这个例子充分展示了 AIGC 与人类创造力相结合所产生的巨大能量，也证明了 AIGC 在音乐创作领域的无限可能性。

此外，AIGC 在游戏开发、虚拟现实体验设计等领域也发挥着重要的创新推动作用。在游戏开发中，AIGC 可以生成游戏场景、角色形象和剧情线索，帮助开发者更快地构建出丰富多样的游戏世界。在虚拟现实体验设计中，AIGC 能够根据用户的需求和偏好，实时生成个性化的虚拟场景和互动内容，提升用户的沉浸感和体验满意度。

总的来说，AIGC 就如同一个强大的创新引擎，不断激发着各个创意领域的无限可能。它不仅改变了创意产生的方式和速度，更重要的是，它拓宽了人类的创新视野，让我们能够站在更高的起点上追求更加卓越和独特的创意成果。随着 AIGC 技术的不断发展和完善，我们有理由相信，未来的创意产业将迎来更加辉煌的创新时代，为人们带来更多令人惊叹的作品和体验。然而，我们也要清醒地认识到，AIGC 虽然强大，但它仍然是人类创造力的辅助和补充。人类的情感、直觉、审美和对社会文化的深刻理解，是无法被替代的核心创造力。在 AIGC 的助力下，人类与技术的协同创新将成为推动创意产业发展的关键力量，引领我们走向更加精彩的未来。

7.1.2 行业转型的助推器

在当今快速发展的数字化时代，AIGC 正以前所未有的力量成为行业转型的强大助推器，为各个领域带来了深刻的变革和全新的发展机遇。

制造业作为经济的重要支柱，率先感受到了 AIGC 带来的转型动力。传统的制造业往往依赖于人工操作和经验判断，生产过程中容易出现效率低下、质量不稳定等问题。AIGC 的引入改变了这一局面。通过对大量生产数据的分析和学习，AIGC 能够实现智能化的质量检测。以往，质量检测需要人工逐个检查产品，不仅耗时费力，还容易出现漏检和误检。现在，AIGC 驱动的视觉检测系统可以在瞬间对产品进行高精度的检测，准确识别出微小的缺陷和瑕疵。例如，一家汽车零部件制造企业采用了 AIGC 技术进行质量检测，大幅提高了检测准确率，降低了次品率，提升了产品质量和企业声誉。

AIGC 还在优化生产流程规划方面发挥了关键作用。它可以根据订单需求、原材料供应、设备状况等多方面因素，智能地制订最优的生产计划。这不仅提高了生产效率，减少了生产周期，还降低了生产成本。某电子制造企业借助 AIGC 优化生产流程后，生产效率提高了 30%，库存成本降低了 20%，在激烈的市场竞争中取得了显著的优势。

金融行业也在 AIGC 的推动下经历着深刻的转型。在风险预测方面，AIGC 能够处理海量的金融数据，包括市场动态、企业财务报表、宏观经济指标等，通过复杂的算法和模型，准确预测市场风险和信用风险。一家大型银行利用 AIGC 技术构建风险预测模型，提前识别出潜在的信用违约风险，及时调整信贷策略，有效降低了不良贷款率。

在客户需求分析方面，AIGC 可以从客户的交易记录、浏览行为、社交媒体数据等多维度信息中挖掘出有价值的洞察。金融机构能够根据这些分析结果为客户提供个性化的金融产品和服务。比如，一家在线金融服务公司通过 AIGC 分析客户的投资偏好和风险承受能力，为客户量身定制投资组合建议，提高了客户满意度和忠诚度。

AIGC 还在药物研发领域发挥着重要作用。它可以通过对大量药物分子结构和生物活性数据的学习，预测潜在的药物靶点和药物效果，加速药物研发的进程。一家制药公司利用 AIGC 技术筛选药物靶点，成功缩短了新药研发的周期，降低了研发成本。

教育行业也因 AIGC 而发生着变革。在个性化学习方面，AIGC 可以根据学生的学习历史、知识掌握程度和学习风格，为每个学生制订专属的学习计划和课程内容。例如，一款在线教育平台利用 AIGC 为学生提供个性化的数学学习方案，根据学生的错题情况和薄弱知识点，推送针对性的练习题和讲解视频，提高了学生的学习效果。

AIGC 还能够辅助教师进行教学资源的创作。它可以生成教案、课件、试题等教学材料，减轻教师的工作负担，让教师能够将更多的精力投入到教学方法的创新和学生的个性化指导上。

此外，零售行业通过 AIGC 实现了精准营销和库存管理的优化。AIGC 可以分析消费者的购买行为和偏好，为商家推送个性化的营销方案，提高营销效果。同时，它还能根据销售数据预测商品需求，优化库存配置，减少库存积压和缺货现象。

总之，AIGC 如同一场强大的变革之风，吹遍了各个行业，成为推动行业转型的有力助推器。它不仅提升了行业的效率和质量，还创造了新的商业模式和价值增长点。然而，在享受 AIGC 带来的红利的同时，各行业也需要面对技术应用中的数据安全、隐私保护和伦理道德等问题，确保 AIGC 的发展能够真正造福人类社会。但毫无疑问，AIGC 所引领的行业转型浪潮已经势不可当，我们有理由相信，在未来它将继续发挥更大的作用，推动各个行业朝着更加智能化、高效化和创新化的方向发展。

7.1.3 个性化服务的新篇章

在当今数字化、智能化的时代浪潮中，AIGC 正以其独特的魅力和强大的功能，为个性化服务翻开崭新的篇章，深刻地改变着人们生活的方方面面。

AIGC 在在线教育领域的应用，无疑是个性化服务的一个突出典范。传统的教育模式往往采用"一刀切"的方式，为所有学生提供相同的课程内容和教学进度，难以满足每个学生独特的学习需求和节奏。然而，随着 AIGC 技术的融入，这一局面得到了显著的改善。

通过对学生的学习历史、知识掌握程度、学习习惯和偏好等多维度数据的深度分析，AIGC 能够为每个学生量身定制专属的学习计划和课程内容。例如，对于数学学科中某个特定的知识点，如函数的概念，AIGC 系统会根据学生过往在函数相关练习中的表现，判断其理解程度。如果学生在基础概念的理解上存在困难，系统将为其生成侧重于概念讲解的学习资料，包括生动形象的动画演示、通俗易懂的文字解释和简单易懂的练习题；而对于已经熟练掌握基础概念，但在应用和解题方面需要提升的学生，系统则会推送更具挑战性的综合应用题和解题技巧讲解。

个性化的学习路径不仅能够提高学生的学习效率，还能激发他们的学习兴趣和主动性。一位在数学学习上一直感到困难的学生，通过使用基于 AIGC 技术的在线教育平台，获得了专为其定制的学习方案。系统发现他在几何图形的理解上存在较大障碍，于是为他提供了大量的图形示例、三维模型展示以及专门针对图形相关知识点的详细讲解。经过一段时间的个性化学习，该学生的数学成绩有了显著提升，更重要的是，他对数学的恐惧逐渐转变为兴趣和自信。

在电商领域，AIGC 同样为消费者带来了前所未有的个性化服务体验。过去，消费者在海量的商品中寻找自己心仪的物品往往如同大海捞针，费时费力且不一定能找到完全符合自己需求的产品。而如今，AIGC 驱动的推荐系统能够精准地理解消费者的喜好、需求和购买历史。

通过对消费者浏览行为、购买记录、搜索关键词等数据的分析，AIGC 能够预测消费者的潜在需求，并为其推荐高度匹配的商品。比如，一位热爱户外运动的消费者，其购买历史中包含了登山鞋、运动背包等产品。AIGC 系统会据此判断他可能对户外帐篷、露营炊具等相关产品感兴趣，并及时向他推送相关的优质商品推荐。不仅如此，AIGC 还能够根据消费者的实时反馈和行为变化，动态调整推荐策略，确保推荐的准确性和及时性不断提高。

除了教育和电商，AIGC 在旅游服务领域也展现出了巨大的潜力。当消费者计划旅行时，AIGC 可以根据他们的兴趣爱好、预算、出行时间等因素，为其定制个性化的旅行路线和行程安排。如果消费者是一位历史文化爱好者，AIGC 会为其规划包含众多历史古迹、博物馆和文化遗址的路线；对于追求休闲度假的消费者，系统则会推荐风景优美的海滨度假胜地和舒适的酒店。

在旅行过程中，AIGC 还能提供实时的个性化服务。例如，根据消费者的当前位置和偏好，推荐当地的特色美食餐厅、小众景点和独特的娱乐活动。此外，AIGC 驱动的智能客服能够随时解答消费者的疑问和需求，提供贴心的旅行建议。

在金融服务领域，AIGC 使得个性化理财规划成为可能。传统的理财顾问服务往往受到人力和时间的限制，难以对每位客户进行深入细致的需求分析和资产配置规划。AIGC 技术的应用改变了这一状况。通过对客户的财务状况、风险承受能力、投资目标等数据的综合评估，它能够为客户生成个性化的理财方案。

例如，对于一位年轻且风险承受能力较高的投资者，系统可能会推荐包含股票、基金等高风险高回报资产的投资组合；而对于一位临近退休、追求稳健收益的投资者，系统则会侧重于推荐债券、定期存款等低风险的理财产品。此外，AIGC 还能够实时监测市场动态和客户财务状况的变化，及时调整理财方案，确保客户的资产始终得到最优配置。

在医疗健康领域，AIGC 为患者提供了个性化的医疗服务。通过对患者的病史、基因数据、生活习惯等信息的整合分析，AIGC 可以辅助医生制订精准的治疗方案和预防措施。例如，对于患有慢性疾病如糖尿病的患者，AIGC 系统能够根据患者的血糖监测数据、饮食记录和运动情况，为其提供个性化的饮食建议、运动计划和药物调整方案。

在心理健康领域，AIGC 驱动的聊天机器人可以为患者提供随时随地的心理支持和辅导。这些聊天机器人能够根据患者的情绪状态和倾诉内容，提供个性化的安慰、建议和心理调适方法。

在内容创作领域，AIGC 让个性化内容创作成为主流。无论是新闻报道、文学作品还是社交媒体的帖子，AIGC 都能够根据读者的兴趣和偏好生成定制化的内容。例如，一家新闻媒体利用 AIGC 技术，根据用户的关注领域和阅读习惯，为其推送个性化的新闻资讯。一位对科技新闻感兴趣的读者，将能够收到更多关于最新科技突破、电子产品评测等方面的内容；而对娱乐八卦情有独钟的读者，则会看到更多关于明星动态、影视综艺的报道。

在社交媒体平台上，AIGC 可以帮助用户生成个性化的文案、图片和视频。用户只需提供一些关键信息，如主题、情感倾向和风格偏好，AIGC 就能创作出符合其需求的内容，让用户在社交互动中更加独特和引人注目。

然而，AIGC 在带来个性化服务新篇章的同时，也面临着一些挑战和问题。数据隐私保护是其中最为关键的一点。为了提供精准的个性化服务，AIGC 系统需要收集和分析大量的个人数据，这就引发了用户对数据安全和隐私泄露的担忧。因此，必须建立严格的数据保护法规和技术措施，确保用户数据的安全和隐私。

此外，AIGC 生成的个性化服务也可能存在一定的局限性和偏差。由于算法的复杂性和数据的不完整性，有时推荐结果并不能完全准确或符合用户的真实需求。这就需要不断优化算法模型，提高数据质量，并引入人工审核和干预机制，以确保个性化服务的质量和可靠性。

尽管存在这些挑战，但不可否认的是，AIGC 已经开启了个性化服务的新时代。随着技术的不断进步和完善，我们有理由相信，它将为人们带来更加精准、便捷和贴心的服务体验，让每个人都能在数字化的世界中享受到独一无二的关怀和满足。

总之，AIGC 作为一项具有革命性的技术，正在以其强大的能力和无限的潜力，书写着个性化服务的新篇章。它不仅满足了人们对于个性化、定制化体验的追求，更推动了各个行业向更加精细化、智能化的方向发展，为人类社会的进步和发展注入了新的动力。

7.2 AIGC 时代的挑战

在深入探讨 AIGC 所带来的无限机遇的同时，我们也必须清醒地认识到，AIGC 时代并非只有光明的前景，它同样带来了一系列严峻的挑战。这些挑战不仅关乎技术的发展和应用，更涉及社会、经济、法律、伦理等多个层面。只有全面、深入地剖析这些挑战，我们才能更好地应对，并确保 AIGC 在为人类带来福祉的道路上稳健前行。接下来，让我们逐一探讨 AIGC 时代所面临的具体挑战。

7.2.1 伦理道德困境

随着 AIGC 技术的迅猛发展，我们在享受其带来的便捷和创新的同时，也不可避免地陷入了一系列伦理道德困境。

虚假信息的传播是其中的一个突出问题。AIGC 具有强大的内容生成能力，能够在短时间内生成大量看似真实的文本、图片和视频。然而，这些生成的内容并非都基于真实的事实和数据。如果被别有用心的人利用，制造和传播虚假新闻、谣言或误导性信息，可能会引发社会恐慌，破坏公共秩序，甚至影响国家的安全和稳定。例如，在自然灾害或公共卫生危机发生时，AIGC 生成的虚假救援信息或夸大的灾害描述可能会干扰救援工作，导致民众做出错误的决策。

歧视性言论的生成也是令人担忧的一个方面。AIGC 模型是通过对大量现有数据的学习来生成内容，如果这些训练数据本身存在偏见或歧视，那么模型可能会学习并延续这种偏见，从而生成带有歧视性的言论或内容。这种情况不仅会伤害到特定群体的感情，还会造成更恶劣的结果。比如在招聘场景中，如果 AIGC 生成的招聘启事或筛选标准存在性别歧视，那么将严重阻碍女性的职业发展机会，破坏公平竞争的就业环境。

知识产权的侵犯是 AIGC 面临的另一个伦理难题。由于 AIGC 能够模仿和创作出与现有作品相似的内容，如何界定其生成的作品是否侵犯了原作者的知识产权变得模糊不清。例如，AIGC 生成的一篇文章可能与已发表的作品在结构、风格甚至部分内容上相似，这就引发了关于抄袭和侵权的争议。此外，如果 AIGC 利用受版权保护的素材进行训练，而未经授权，也构成了对知识产权的侵犯。这不仅损害了创作者的合法权益，也会打击创新的积极性，对整个文化和创意产业的发展产生负面影响。

深度伪造（Deepfake）技术的滥用也是 AIGC 伦理困境的一部分。通过 AIGC 技术，可以将一个人的面部特征和表情移植到另一个人的身体上，或者生成逼真的虚假音频和视频。这种技术如果被用于制作虚假的政治言论、名人丑闻或欺诈性的商业活动，将严重损害个人的声誉和社会的信任。例如，一段伪造的领导人的演讲视频可能会误导公众，影响选举结果和政策制定；一段伪造的明星私密视频可能会对其形象和职业生涯造成毁灭性的打击。

解决这些伦理道德困境需要多方面的努力。首先，技术开发者和研究者应当在设计和训练 AIGC 模型时，引入伦理原则和规范，通过优化算法和数据筛选，减少偏见和歧视的出现。同时，建立严格的审查机制，对 AIGC 生成的内容进行监测和评估，及时发现并纠正虚假、歧视性和侵权的内容。

法律和政策的制定也至关重要。政府应尽快出台针对 AIGC 的法律法规，明确其责任和义务，规范其应用范围和场景。对于虚假信息传播、知识产权侵犯和深度伪造等行为，制定明确的法律处罚措施，加大执法力度，以起到威慑作用。

教育也是应对伦理道德困境的重要手段。提高公众对 AIGC 伦理问题的认识和理解，培养其批判性思维和辨别能力，使其能够在面对 AIGC 生成的内容时保持警惕，不轻易相信和传播。同时，在学校和职业培训中，加强对伦理道德教育的重视，培养未来的技术人才具备良好的伦理意识和责任感。

总之，AIGC 带来的伦理道德困境复杂而严峻，需要技术、法律、教育和行业等多方面共同协作，形成合力，才能有效地应对和解决。只有在遵循伦理道德原则的基础上发展和应用 AIGC 技术，人类才能充分发挥其优势，避免其带来的负面影响，实现技术与人类社会的和谐共处和共同发展。

7.2.2 数据隐私与安全

在 AIGC 蓬勃发展的时代，数据隐私与安全问题日益凸显，成为了亟待解决的关键挑战。

AIGC 的运作依赖于海量的数据，包括个人信息、行为数据、偏好数据等。这些数据在收集过程中，往往存在未经充分授权和知情同意的情况。例如，许多应用程序在用户注册时，会默认收集大量的个人数据，而用户可能并未真正理解这些数据将如何被使用和共享。这不仅侵犯了用户的知情权，也为后续的数据滥用埋下了隐患。

数据存储环节同样面临着严峻的安全威胁。大量敏感数据被集中存储在云端或数据中心，如果这些存储设施的安全防护措施不足，很容易成为黑客攻击的目标。一旦数据被窃取，可能导致用户的个人隐私泄露，如家庭住址、电话号码、财务状况等重要信息。此外，数据泄露还可能引发身份盗窃、金融欺诈等一系列严重后果。例如，某知名社交平台曾发生大规模数据泄露事件，数以亿计的用户数据被曝光，给用户带来了极大的困扰和潜在的风险。

数据的使用和共享也是引发隐私担忧的重要方面。在 AIGC 的训练过程中，数据可能会在不同的机构和组织之间流转。如果没有明确的规范和约束，数据可能会被用于超出初始授权范围的目的，或者被分享给不可信的第三方。比如，用户在某在线教育平台上的学习数据，可能会被未经授权地提供给其他营销机构，用于精准广告投放，从而对用户造成不必要的骚扰。

此外，AIGC模型本身也可能存在数据泄露的风险。一些复杂的模型可能会在生成的内容中无意中透露训练数据的特征或模式，从而间接导致数据隐私的泄露。例如，通过对AIGC生成的文本进行分析，可能推断出其训练数据中包含的某些敏感信息。

针对这些数据隐私与安全问题，技术手段的应用至关重要。加密技术可以对数据进行加密处理，确保在传输和存储过程中的保密性。差分隐私技术可以在数据被使用和分析时，添加一定的噪声，从而保护个体数据的隐私性。同时，采用联邦学习等技术，能够在不共享原始数据的情况下，实现模型的训练和优化，降低数据泄露的风险。

法律法规的完善也是保障数据隐私与安全的重要措施。政府应制定严格的数据保护法规，明确数据收集、使用、存储和共享的规则和限制。对违反数据隐私法规的行为，应给予严厉的处罚，以起到威慑作用。例如，欧盟的《通用数据保护条例》（GDPR）为数据主体赋予了更多的权利，如知情权、访问权、更正权和删除权等，同时对企业的数据处理行为提出了严格的要求。

企业作为数据的主要处理者，应当承担起保护用户数据隐私与安全的主体责任。建立完善的数据管理体系，包括数据分类分级、访问控制、安全审计等。加强员工的数据安全意识培训，确保数据处理的各个环节都符合合规要求。同时，积极向用户透明地披露数据处理的政策和实践，获取用户的信任。

用户自身也需要增强数据隐私保护意识。在使用各类应用和服务时，仔细阅读隐私政策，了解自己的数据将如何被处理。对于不必要的个人数据收集请求，应谨慎授权。同时，采取一些基本的安全措施，如设置强密码、定期更新软件等，以降低个人数据被窃取的风险。

总之，数据隐私与安全是AIGC发展过程中不可忽视的重要问题。只有通过技术创新、法律法规的完善、企业的责任担当、用户的自我保护以及国际合作等多方面的共同努力，才能构建起一个安全可靠的数据环境，让 AIGC 在保障用户隐私和数据安全的前提下，为人类社会带来更多的价值和便利。

7.2.3 就业结构调整冲击

AIGC 的迅速发展在为社会带来诸多便利和创新的同时，也对就业结构产生了显著而深远的冲击。

传统上依赖人力完成的许多工作，如今正逐渐被 AIGC 技术所取代。例如，在内容创作领域，新闻报道、文案撰写、广告创意等工作曾经主要由人类创作者承担。然而，AIGC 技术能够快速生成大量的文字内容，且质量在不断提高。这意味着一部分基础的、模式化的写作工作可能不再需要大量人力投入。一家新闻机构可能会减少对初级记者的招聘，转而依靠 AIGC 系统生成一些即时性的、常规性的新闻报道。

同样，在设计领域，AIGC 可以根据给定的要求和数据生成初步的设计方案，如海报、标志、网页布局等。对于一些较为简单和常规的设计需求，企业可能会减少对初级设计师的依赖，这无疑会对初入职场的设计人员的就业机会产生影响。比如，某些电商平台可能会使用 AIGC 生成大量的商品展示图片，从而降低对人工设计的需求。

数据录入和文档处理等重复性工作也受到了 AIGC 的冲击。AIGC 具备自动识别和处理大量数据的能力，能够高效地完成数据的分类、整理和录入工作。这使得原本从事此类工作的人员面临着岗位减少甚至失业的风险。

然而，AIGC 带来的就业结构调整并非完全负面。虽然它取代了一些岗位，但同时也创造了新的就业机会和职业类型。

AIGC 工程师和研发人员的需求正在急剧增加。这些专业人才负责开发、优化和维护 AIGC 系统，需要具备深厚的技术功底，包括机器学习、深度学习、自然语言处理等知识。随着 AIGC 技术的不断发展和应用拓展，对这类高端技术人才的需求将持续增长。

AIGC 训练师和数据标注员成为新兴职业。为了让 AIGC 系统能够生成更准确、有价值的内容，需要对其进行大量的训练和数据标注工作。这催生了一批专门从事数据标注和模型训练的人员，他们的工作对于提高 AIGC 系统的性能至关重要。

AIGC 与各行业融合产生了新的交叉领域就业机会。比如，在医疗领域，结合 AIGC 技术的医疗影像诊断、疾病预测等工作需要既懂医学又懂人工智能的复合型人才。在金融行业，利用 AIGC 进行风险评估和投资决策分析也需要金融和科技知识兼备的专业人员。

此外，AIGC 的发展也促使传统岗位的技能需求发生转变。内容创作者需要提升自己的创意和批判性思维能力，能够与 AIGC 协作，创作出更具深度和独特性的作品。营销人员需要掌握如何利用 AIGC 工具进行精准营销和客户关系管理。

面对 AIGC 带来的就业结构调整冲击，个人和社会都需要采取积极的应对策略。

对于个人而言，持续学习和技能提升是关键。要紧跟技术发展的步伐，学习与 AIGC 相关的知识和技能，或者在自己的专业领域内深化专长，培养不可替代的能力。例如，从事文字工作的人员可以学习如何利用 AIGC 工具提高工作效率，并专注于提供深入的分析和独特的观点。

教育和培训体系也需要相应地改革和完善。学校和培训机构应及时调整课程设置，增加与 AIGC 及相关技术的教学内容，培养适应未来就业市场需求的人才。同时，提供职业转型和再培训的机会，帮助受到冲击的劳动者顺利过渡到新的岗位。

政府在这一过程中也扮演着重要的角色。制定相关的就业政策，鼓励创新创业，为新兴产业和职业提供支持和引导。建立健全的社会保障体系，为在就业结构调整中暂时处于困境的人员提供必要的帮助和保障。

总之，AIGC 对就业结构的冲击不可避免，但只要我们能够积极应对，通过个人的努力、教育的改革和政府的支持，就能够实现劳动力的优化配置，让就业市场在技术变革的浪潮中不断适应和发展，为人们创造更多有价值的就业机会和职业发展空间。

7.3 应对策略

在深入探讨了 AIGC 所带来的众多机遇与严峻挑战之后，我们必须积极思考并制定有效的应对策略，以充分发挥 AIGC 的优势，同时最大限度地降低其可能带来的负面影响。这不仅需要我们从技术、伦理、法律等多个层面进行综合考量，还需要社会各界携手合作，共同努力。接下来，让我们详细探讨具体的应对策略。

7.3.1 技术创新与优化

在 AIGC 蓬勃发展的当下，技术创新与优化成为了应对其带来的机遇与挑战的关键策略之一。

技术创新是推动 AIGC 不断发展和完善的核心动力。首先，在算法层面，研究人员需要不断探索和改进深度学习算法，以提高 AIGC 模型的学习能力和生成质量。例如，通过优化神经网络结构、调整参数设置等方法，使模型能够更准确地理解输入的信息，并生成更富有创造性和逻辑性的内容。当前，一些先进的算法如 Transformer 架构在自然语言处理任务中取得了显著成果，但仍有很大的改进空间。研究人员可以进一步研究如何提高模型对长文本的处理能力，以及如何更好地捕捉语义和语境信息，从而生成更连贯、更有深度的文章和对话。

数据质量和多样性对于 AIGC 的性能提升至关重要。丰富、准确且具有代表性的数据能够帮助模型学习到更全面的知识和模式。因此，技术创新需要关注数据的采集、整理和预处理方法。一方面，开发更高效的数据采集工具和技术，从互联网、数据库、传感器等多种来源获取大规模的数据。另一方面，通过数据清洗、标注和增强等手段，提高数据的质量和可用性。例如，利用自动化的数据标注工具可以大大提高标注效率，同时采用数据增强技术，如随机变换、添加噪声等，可以增加数据的多样性，防止模型过拟合。

模型的可解释性是 AIGC 技术创新的一个重要方向。由于当前的深度学习模型往往被视为"黑箱"，其决策和生成过程难以理解，这给用户带来了信任问题。因此，研究人员需要致力于开发具有可解释性的模型架构和方法，使人们能够理解模型如何生成内容，以及为什么会做出这样的决策。例如，通过可视化模型的中间层特征、分析神经元的激活模式等方法，为模型的行为提供解释。这样不仅能够增加用户对 AIGC 的信任，还能为模型的优化和改进提供指导。

此外，技术创新还应关注计算资源的优化和利用。AIGC 模型的训练通常需要大量的计算资源，包括硬件设施和云计算平台。因此，研究如何提高计算效率，减少训练时间和成本，是推动 AIGC 技术广泛应用的重要因素。例如，采用模型压缩、量化等技术，可以在不损失太多性能的前提下，减少模型的参数数量和计算量。同时，利用分布式计算和并行处理技术，可以加快训练速度，提高研发效率。

在技术优化方面，持续的评估和改进必不可少。建立科学、全面的评估指标体系，对 AIGC 模型的性能进行客观、准确的评估。这些指标可以包括生成内容的准确性、创造性、多样性、可读性等多个方面。通过定期对模型进行评估，发现其存在的问题和不足，并针对性地进行优化和改进。例如，如果发现模型生成的内容存在重复性较高的问题，可以通过调整训练数据、优化算法或增加正则化项等方式来解决。

同时，技术优化还需要关注模型的泛化能力和适应性。AIGC 模型应该能够适应不同的领域、主题和用户需求，而不仅仅局限于特定的训练数据和任务。通过引入迁移学习、多任务学习等技术，可以使模型在新的场景中快速学习和适应，提高其通用性和实用性。

总之，技术创新与优化是一个不断演进的过程，需要研究人员、工程师和企业的共同努力。只有持续推动技术的进步，才能充分发挥 AIGC 的潜力，为人类社会带来更多的价值和便利，同时有效地应对其带来的各种挑战。

7.3.2 伦理道德规范建立

在 AIGC 迅速发展的时代，建立明确且有效的伦理道德规范至关重要，以确保这项强大的技术被用于造福人类社会，而非造成损害。

首先，明确尊重人类的自主性和尊严应是首要原则。AIGC 生成的内容不应侵犯个人的自主决策权利，也不能贬低或侮辱人类的价值和尊严。例如，在医疗领域，AIGC 辅助的诊断和治疗建议应仅仅作为参考，最终的决策必须由患者和医生自主做出，充分尊重患者的意愿和选择。同样，在社交互动中，AIGC 生成的交流内容应避免对他人进行人格侮辱或贬低，维护每个人的尊严和价值。

公平和正义原则在 AIGC 的伦理规范中也占有重要地位。AIGC 系统的设计和应用应避免产生或加剧社会的不平等和不公正现象。例如，在招聘过程中，如果使用 AIGC 进行简历筛选和候选人评估，必须确保算法没有基于种族、性别、年龄等因素产生歧视性的结果。同时，要关注数字鸿沟问题，确保不同社会阶层和地区的人们都能够平等地受益于 AIGC 技术，而不是进一步扩大贫富差距和信息差距。

责任归属和可追溯性是建立伦理规范的关键环节。当 AIGC 生成的内容造成不良影响或损害时，必须能够明确责任方，并进行追溯和问责。这需要在技术开发、使用和传播的各个环节建立清晰的责任链条。例如，如果一家媒体使用 AIGC 生成虚假新闻并造成社会恐慌，那么媒体机构、技术提供商以及相关的操作人员都应承担相应的责任。通过建立严格的责任制度，可以促使各方在使用 AIGC 时更加谨慎和负责。

透明度和可解释性是保障伦理道德规范的重要手段。AIGC 系统的工作原理、数据来源和处理过程应尽可能向用户和社会公开，并且能够以一种易懂的方式进行解释。这样可以让用户了解到生成内容的依据和局限性，从而做出更明智的判断和使用。例如，一个由 AIGC 生成的金融投资建议，应该向用户清楚地说明其背后的算法模型、数据基础以及可能存在的风险和不确定性。

隐私保护是伦理规范中不可忽视的方面。AIGC 在处理大量个人数据时，必须严格遵守隐私法规，确保数据的采集、存储和使用合法、安全且经过用户授权。例如，在利用 AIGC 进行个性化推荐服务时，应采取加密、匿名化等技术手段保护用户的个人隐私信息，防止数据泄露和滥用。

建立多方参与的伦理审查机制是确保规范有效执行的重要途径。包括技术专家、伦理学家、法律学者、社会公众代表等在内的各方利益相关者应共同参与到 AIGC 项目的伦理审查中，从不同角度评估其潜在的伦理风险和影响。例如，在开发一款大规模应用的 AIGC 产品之前，应组织跨学科的伦理审查委员会进行全面审查，并根据审查结果提出改进建议和约束条件。

教育和宣传也是伦理道德规范建立的重要组成部分。通过开展普及性的教育活动，提高公众对 AIGC 伦理问题的认识和理解，培养其正确的使用态度和价值观。同时，对技术开发者和使用者进行专门的伦理培训，使其在工作中能够自觉遵守伦理规范。

总之，建立健全的伦理道德规范是引导 AIGC 健康发展的必要举措。只有在伦理的框架内运作，AIGC 才能真正成为推动社会进步的有力工具，为人类带来更多的福祉。

7.3.3 法律法规完善

随着 AIGC 技术的快速发展，现有的法律法规体系面临着巨大的挑战，迫切需要进行完善和更新，以适应这一新兴技术带来的变革。

首先，明确 AIGC 生成内容的法律地位至关重要。当前，对于 AIGC 生成的文章、图像、音乐等内容的版权归属问题存在诸多争议。法律需要明确规定在何种情况下 AIGC 生成的作品可以获得版权保护，以及版权应归属于谁，是开发者、使用者还是其他相关方。例如，如果 AIGC 生成的作品是基于用户的明确指令和大量个性化输入，那么用户是否应该拥有一定的版权权益？同时，要建立相应的版权登记和管理制度，便于对 AIGC 生成内容的版权进行有效管理和保护。

在知识产权保护方面，法律需要加强对 AIGC 训练数据的规范。AIGC 模型的训练往往依赖于大量的现有数据，包括受版权保护的作品。法律应明确规定在何种条件下可以使用这些数据进行训练，以及如何确保使用过程中的合法性和合规性。对于未经授权使用他人知识产权数据进行训练的行为，应制定严厉的惩罚措施。例如，一家公司未经许可使用受版权保护的文学作品来训练其 AIGC 模型，并用于商业目的，这种行为应受到法律的制裁。

在消费者权益保护方面，法律需要规范 AIGC 产品和服务的质量标准和告知义务。当消费者使用 AIGC 生成的内容或服务时，他们有权知道这些内容由机器生成，并且了解其可能存在的局限性和风险。例如，在使用 AIGC 生成的医疗建议时，如果这些建议不准确或不完整，导致消费者受到损害，法律应提供相应的救济途径和赔偿机制。

同时，法律要对 AIGC 生成的虚假信息和误导性内容进行严格监管。制定明确的法律条款，界定何种情况下 AIGC 生成的内容构成虚假宣传、欺诈或诽谤，并规定相应的法律责任。例如，如果 AIGC 生成的广告宣传含有虚假成分，误导消费者购买了不合格的产品或服务，相关责任方应承担法律责任。

在隐私和数据保护方面，法律需要进一步强化对 AIGC 处理个人数据的约束。明确规定 AIGC 应用在收集、存储、使用和共享个人数据时应遵循的原则和程序，保障个人的隐私权和数据安全。例如，AIGC 应用在收集用户数据用于训练模型时，必须事先获得用户的明确同意，并采取措施确保数据的加密和安全存储。

此外，法律要对 AIGC 在特定领域的应用，如金融、医疗、教育等，制定专门的规范和标准。例如，在金融领域，AIGC 辅助的投资决策和风险评估必须符合金融监管的要求，确保金融市场的稳定和投资者的合法权益。

为了确保法律法规的有效实施，还需要建立健全的执法机制和监管体系。加强相关部门的执法能力和技术手段，及时发现和查处 AIGC 领域的违法违规行为。同时，建立公众举报和监督机制，鼓励社会各界参与到 AIGC 的法律监管中来。

总之，完善法律法规是保障 AIGC 健康发展、维护社会公共利益和个人合法权益的重要举措。只有通过建立健全的法律体系，才能为 AIGC 的发展创造一个公平、有序、安全的法律环境。

7.3.4 教育培训普及

在 AIGC 不断演进并广泛应用的时代背景下，教育培训的普及成为了应对其带来的机遇与挑战的关键策略之一。

对于公众而言，普及 AIGC 相关的基础知识是当务之急。通过开展科普活动、在线课程、线下讲座等形式，让普通民众了解 AIGC 的基本概念、工作原理和应用领域，这有助于消除公众对 AIGC 的陌生感和恐惧感，增强其对新技术的接受度。例如，可以在社区、学校、图书馆等场所举办 AIGC 科普讲座，用通俗易懂的语言和生动的案例向大众介绍 AIGC 在日常生活中的应用，如智能客服、个性化推荐等。

在学校教育层面，应将 AIGC 相关内容纳入教育体系。从基础教育开始，逐步引入 AIGC 的基础知识和编程课程，培养学生的计算思维和创新能力。在高等教育阶段，开设专门的 AIGC 课程和专业，培养具备深入理论知识和实践技能的专业人才。例如，在中学阶段，可以开设简单的编程课程，让学生了解如何与 AIGC 进行交互；在大学阶段，可以设立人工智能、自然语言处理等专业，系统地教授 AIGC 的算法、模型和应用。

对于在职人员，提供针对性的职业培训至关重要。随着 AIGC 在各个行业的渗透，许多岗位的工作内容和技能要求发生了变化。因此，需要为在职人员提供及时、有效的培训，帮助他们掌握与 AIGC 协作和利用 AIGC 提升工作效率的技能。比如，为媒体从业者提供关于如何利用 AIGC 辅助写作和内容创作的培训；为金融从业人员提供关于如何运用 AIGC 进行风险评估和投资决策的培训。

此外，教育培训还应注重培养批判性思维和伦理意识。AIGC 生成的内容并非绝对准确和可靠，需要培养人们对其生成的信息进行评估和判断的能力。

同时，让人们了解 AIGC 可能带来的伦理问题，如数据隐私、算法偏见等，增强其伦理道德责任感。例如，在培训课程中设置案例分析和讨论环节，引导学员思考在特定情境下如何正确使用 AIGC 并避免伦理风险。

为了提高教育培训的效果，需要采用多样化的教学方法和手段。结合理论讲解、实践操作、项目案例分析等方式，让学员能够在实际操作中掌握 AIGC 的技能。同时，利用在线学习平台、虚拟现实技术等先进的教育技术，提供更加便捷、生动和个性化的学习体验。

在师资队伍建设方面，应培养和吸引一批既具备深厚的学术背景又具有丰富实践经验的教师和专家，为教育培训提供高质量的教学资源。此外，加强国际交流与合作，借鉴国际上先进的 AIGC 教育培训经验和模式，不断优化我国的教育培训体系。

总之，通过广泛而深入的教育培训普及，能够提高公众对 AIGC 的认知和应用能力，培养适应新时代需求的专业人才，为 AIGC 的健康发展和广泛应用奠定坚实的基础。

小结

应对 AIGC，尤其是以 DeepSeek 为代表的 AIGC 技术所带来的机遇与挑战，需要综合运用多种策略，形成一个相互关联、相互支持的体系。技术创新是基础，DeepSeek 在模型架构、算法优化等方面不断投入研发力量，致力于提升语言理解与生成能力，这为 AIGC 技术的广泛应用奠定了坚实基础。例如，其先进的预训练模型能够生成高质量文本，在内容创作、智能客服等领域展现出强大优势。

我们要认识到，AIGC，特别是像 DeepSeek 这样的技术是一把双刃剑，用得好可以为人类带来巨大的福祉，如提高生产效率、丰富文化创作等；用不好则可能造成诸多问题，如信息安全隐患、就业结构冲击等。但人类不能因为害怕挑战而阻碍技术的发展，而应该以积极的态度、科学的方法和坚定的决心去迎接它。相信在我们的共同努力下，以 DeepSeek 为代表的 AIGC 技术一定能够在为人类创造美好未来的道路上发挥出其应有的作用，成为推动社会进步和文明发展的强大引擎。

我们正站在一个技术变革的关键节点上，AIGC 的发展是时代赋予我们的机遇，而如何应对其带来的挑战则是我们必须承担的责任。让我们携手共进，共同开创一个充满创新、和谐与进步的 AIGC 时代，为人类的未来描绘出更加绚丽多彩的画卷。